宅經濟當道的外送人氣小廚秘笈

省房租、省裝潢、省座位、省人力的數位經濟新食代攻略

推薦序一

- FOREWORD I -

食譜、小廚、創業，邁向創新

愛下廚的我，經常化身「阿昆師」穿梭在福壽臻品體驗廚房，享受烹飪的樂趣，用料理結交朋友。

這些年來，常聽到一些對烹飪感興趣的人提起：再怎麼變化就那幾道菜，也沒有自己的獨門料理。對此，我建議可以找一本好的料理書，先照書中的食譜做變化，多方嘗試，成功之後，自己再做些調整，就可變成獨家拿手料理了。

一本好的食譜書，除了要步驟清楚、料理簡單，更要貼近讀者需求，看到許志滄副教授出版的這本食譜書，我特別給予肯定，許老師再次展現獨特的市場靈敏度，看準外送商機崛起，順勢推出這本專為小廚外送外帶而設計的食譜書，讓有志投身餐飲業的人，能藉由這本書找到創業的方向，熟悉各款受歡迎的料理。對於有志投入餐飲業的人，我認為應堅持這樣的理念：「抱持熱情與理想，克服挫折後，就懂得差異化、競爭力的重要性，這是最大的收穫。」

「食品安全」對餐飲業格外重要，是餐飲業者最根本的原則，「重視食品安全」也是福壽實業致力守護的經營理念，自創業以來，用心生產多款料理用油如大豆沙拉油、芝麻油、苦茶油、風味調味油、炸酥油等，建立追溯追蹤制度，層層控管，嚴格把關，是值得信賴的品牌，更是料理創作上的好幫手；在食材方面，我們有全台唯一的氣冷雞肉、新鮮的放牧牧草豬與雞、營養價值滿點的牧草雞蛋，透過安心的各種調理油、優良的食材料協助大家製作美食，守護食安，讓顧客吃得美味又健康。

我常說：「這是智慧科技的時代，傳產不創新，就沒有明天。」外送平台興起帶動宅商機，帶來產業結構轉型的契機，這本書就展現了創新的突破，願能幫助更多人成就夢想，樂為之序。

福壽實業集團董事長

洪堯昆

推薦序二

- FOREWORD II -

就愛開餐廳，2020 邁向多元通路

上一代，由於名廚傅培梅的貢獻，把私房菜變成家常菜，透過三友出版社的食譜書融匯八大菜系，在台灣帶動烹飪教育，跟著食譜書，家家戶戶都能做出美味料理。

時至今日，不論科技如何前進，食譜的可貴不變，沒有比可口的餐飲更能吸引顧客的了，iCHEF 8 年來研發智慧餐飲科技，並輔導店家使用 POS 機創業，把食物做得美味、衛生是先決條件，小廚以獨有的烹飪技法與口味，為台灣保存了精采的小眾市場，面對大型連鎖餐飲業，我們很慶幸台灣依然擁有如此多元化的美食選項。

中國大陸快遞集團順豐已與淘寶網結盟，瞄準家庭、公司的團體用餐，力攻外送市場；台灣 2019 年的餐飲業營業額突破新台幣 8,000 億大關，儘管新冠肺炎影響了春節以來的節慶業績，但一轉進相對平穩的後疫情時期，母親節檔期的用餐方式發生變化，預約點餐外帶竟然衝上第一名，外送已成必然潮流。小廚如果決心做事業，能有 3、4 個人力，除了外帶、外送，還能經營「私廚送到家」的預約訂餐與團餐業務，現做現賣最鮮美，這是很棒的事！

經營餐飲，必須串連名號曝光、接單整合、付款方式、人力運送 4 個流程，如果小廚做冷凍水餃、中西佳餚，可先從親友熟人圈開始，打出口碑，省下外送平台的曝光費，其他環節仰賴 POS 機整合訂單、Lalamove 運送，先站穩腳跟，再考慮是否加入外送平台，進一步提升便利服務。

小廚的多元通路包括 FB 粉絲專業、Google 商家、Line@、線上點餐、外送平台，即使客人不路過、不跑來，照樣能夠做生意，輕鬆管理多元通路就靠一台 POS 機，小廚變大廚，開店一定愈來愈旺。

iCHEF（資廚管理顧問股份有限公司）共同創辦人

程開佑

- FOREWORD III -

台灣飲食消費趨勢：從外食、外帶到今日的外送

東方線上連續 30 年堅持自主性調查顧客生活型態，站在顧客的最前面，早已培養靈敏的消費洞察，除了看到第一手的顧客調查反應之外，也看到了最真實的銷售數據反應。

過往這 15 年間，「外食」趨勢已是眾所皆知的事實，除了金融風暴期間影響，大家減少外食花費之外，其餘年度皆不斷成長；接下來則是「外帶」趨勢，東方線上 2019 年調查顯示，13-64 歲台灣民眾最近 1 周內有外帶餐點的比例是 82.5%，當中有 79.4% 為午餐外帶，顯示外帶午餐回家、回公司吃已成主流生活型態。

然而就在這兩年間，隨著 Uber Eats、foodpanda 等外送平台在台灣市場造成旋風，讓外帶趨勢轉變成了「外送」，2019 年 3 月東方線上第一次調查 15-59 歲男女近 1 個月內使用過外送平台的比例，僅有 15.5%，到了 12 月底已高達 28.5%，而這樣的外送趨勢更在 2020 年 1 月底的新冠肺炎疫情爆發後，推上了高峰，2020 年 3 月高升到了 33%。

從東方線上電子發票銷售資料庫當中，可以看到 Uber Eats 2020 年第一季的銷售狀況，民眾使用外送服務熱度與疫情的確診個案數息息相關，進一步分析看到每個手機用戶使用者在 1 月的消費次數為 5.6 次、2 月 6.0 次、3 月 6.9 次，顯示疫情的升溫也帶動了外送平台的消費頻率；再者，平均消費金額為 258 元，多落在 200~299 元之間，這也顯示餐廳若要加入外送市場，得要仔細思考餐飲的訂價策略，不宜太高。

本書正是順應消費趨勢洪流下的產物，再加上後防疫時代的推波助瀾，更無法阻擋外帶與外送的消費模式，寄語餐飲業者聚焦最重要的核心價值一美食，相信本書當精挑細選的菜色與食譜，能好好幫助想創業的人們。祝

事事順心　創業成功

東方線上整合研究服務部總監

作者序

- PREFACE -

掌握人氣食譜當贏家

民以食為天，對於「吃」的需求不會改變，然而消費趨勢、型態卻會轉變。

過去幾年，百貨公司、大賣場紛紛拓展美食樓層，很多品牌除了進駐其中，還同時開展黃金地點路邊店的門市，但隨著懶人經濟、宅經濟、數位經濟的崛起，尤其新冠肺炎全球蔓延，大幅轉變了消費模式，外送平台送到家門或公司，不必出門就能滿足吃喝的需求。

眼見受到疫情影響，顧客不願意走進中央空調的百貨商場內吃飯，高檔飯店餐廳店面業務也受衝擊，許多人在這波嚴重疫情下失業或必須兼職，我希望盡一己之力，用專業幫助小廚創業，很感謝出版社構想創意，製作這本高人氣、高評價餐飲菜色的食譜書，中式 20 道加上東南亞、日式 20 道，作法確實、快速上手的食譜，讓小廚輕鬆開賣，開拓外送平台生意，在免於房租、裝潢費、設置座位與服務人力等等高成本之下，巷內小坪數地點就能運作起來提供人們「宅在家」的三餐需求。

外送平台趨勢隨著智慧科技時代，年年直線上升中，舉例來說，有家位於台北敦化北路巷子內的「小食泰海南雞」，2020 年初，在戶戶送（Deliveroo）平台上，每天至少賣出 100 個便當，回購率高達 5 成；當小食泰後續以雲端店替代實體店展店後，也跟 Uber Eats、foodpanda 平台合作，不斷複製成功與營收。

如果您想當小廚，取好品牌名稱，做外送、外帶，本書特別精選外送平台受歡迎的菜色，量身定做實用食譜、訣竅，歡迎從 40 道人氣主食裡先挑出 10 道左右，並從配菜、小菜、沙拉 30 道中選項搭配，就像本書示範的合適口味，就立即構成了精緻餐組合；小菜、飲品可單賣也可搭成套餐，提高價值。

品質、服務帶動顧客回流，祝您高效出擊，創業成功！

許志滄

目次 CONTENTS

1 中式餐點 Chinese Style Meals

豬肉類 PORK

雞肉類 CHICKEN

麵類 NOODLES

2 東南亞及日式餐點 Southeast Asia & Japanese Meals

日式餐點類 JAPANESE

東南亞餐點類 SOUTHEAST ASIA

3 配菜、小菜、沙拉
Side Dishes, Appetizers & Salad

沙拉、小食 SALADS & APPETIZERS

配菜 SIDE DISHES

炸物 FRIED FOOD

4 人氣飲品
Popular Drinks

人氣小廚經營攻略

TIPS AND TRICKS

餐飲科技新體驗：外送、外帶時代來臨

危機正是轉型時機，小廚外送時代上路了，隨著宅經濟起飛、新冠肺炎意外帶動外送引擎，這條路愈走愈寬，要創業、要改變商業模式，現在就得掌握趨勢契機。

美食外送平台興起原因

美食外送平台的興起，反映了懶人宅經濟、小額外送等現象，用戶不須出門，只要上網或滑滑手機 App，選擇店家及餐點，在點下「送出訂單」的同時，只須在定位的地點等待，餐點就會送到用戶手中。而在追求方便與效率的人眼中，則將自身的時間成本、地點都算入，這些都是美食外送平台興起的原因。

❶ 不須一家家打電話，滑開 App 就能輕鬆點餐

以往想要叫外送，都需要一家一家撥打電話，除了確認外送門檻外，還要跟店家確認所點的餐點，以及確認到餐時間，現在只要點開外送 App、選擇餐廳並點所須餐點，就有外送員送餐至指定地點，讓你輕鬆享用美食！

❷ 懶人宅經濟，在家也能訂餐

現代人依存網路的便利性，從線上購買日常用品、即食料理包、訂票等，從生活中的大小事都期待可以運用網路平台解決，這也是美食外送平台崛起的原因，讓不想出門的人，只須動動手指，付點運費，也能享用到現做的美食！

❸ 小額外送，邊緣人也能訂

在上班時，有時想喝喝飲料、吃吃下午茶，但店家都會限制「外送門檻」，這讓待在小公司，或部門人數較少的人很苦惱，因為總是湊不到外送門檻，上班期間總不能一直外出買東西，所以只能放棄叫外送，但外送平台的出現，讓邊緣人想訂就訂，只須付運費，就能外送到府。

❹ 天氣差，想吃美食也能在家輕鬆點

當下雨、天氣不好，或太熱時，還要出門購買餐點，對大部分人來說，會覺得很麻煩，或是想就近解決，而外送平台的出現，讓大家能在家點餐、等餐，待外送員送到家，就能享用美食，這對很多人來說，是很便利的事情。

❺ 解決店家外送人力短缺問題

傳統外送限制外送門檻，除了因為油錢、距離等考量外，有可能在用餐的離峰時間，因人力成本考量，顧店人員只安排一人，根本無法外送，所以像 foodpanda、Uber Eats 這樣第三方平台的出現，解決了訂餐、送餐的問題，也解決店家人力短缺的問題。

傳統外送 VS. 外送平台差別

傳統外送跟外送平台有什麼差別？下表列出兩者的差異。

	傳統外送	外送平台
外送門檻	有，每家店家不同。	無，只須付配送費就能外送。
配送費	無，須到達指定門檻才能訂餐及外送。	依據距離收取配送費。
外送品項	依照該店家提供餐點為主。	可依照用戶進入平台中的不同店家，會有相對應的餐點選擇。
外送時間	依照店家人員配置，決定送達時間。	當店家準備好餐點，外送員就會將餐點送達。
外送品質	固定。	不穩定。
對顧客的差異	便利性低，限制較多，且須打電話叫餐。	便利性高，只要使用 App 即可點餐。
對店家的差異	不會被外送平台抽成。	可減少外送人力成本，以及增加店家的知名度。

外送平台介紹

目前大家較常使用的外送平台為 foodpanda 和 Uber Eats，以下針對顧客使用面做簡易的比較。

	foodpanda	Uber Eats
配送費	依距離收費，20 元以上。	依距離收費，15 元以上。
有無最低消費	有，至少須 50 元	無
是否能追蹤外送員位置	是	
付款方式	信用卡、貨到付款	信用卡
是否收國外交易手續費	否	是
客服	線上文字客服、客服信箱	客服信箱

（註：以上資訊以官網公布為主。）

店家加入外送平台的原因

在懶人宅經濟的影響下，科技影響了消費行為，外送平台的出現順勢帶動餐飲科技，雖然有些店家會覺得平台的抽成太高不願意加入，但也越來越多人看中這個市場，並將平台的抽成費用，納入行銷費用，期待將線上客源，轉成線下客源，導入實際踏入店家的顧客。

❶ 線上「逛美食」樂趣，帶入廣告效益

外送平台將 App 設計的像購物商城，讓合作的餐廳變成一件件商品，而 App 也會率先顯示距離用戶較近的地點，所以用戶在瀏覽要訂購的餐點時，餐廳也能順勢曝光，以增加未來來客數。

❷ 用餐離峰時間，創造額外收入

在用餐的離峰時間，有些店家會減少服務人員的安排，以減少開支，但在外送平台出現後，用戶可以在上班時間運用 App 點餐，也替餐廳製造額外的收入。

❸ 線上客源的額外收入

外送平台雖抽成高，但在線下客源之外，能創造額外的線上客源，也是店家所樂見，雖然會賺比較少，但也提高營收。

❹ 提供餐點拍攝服務，提高餐點質感

在加入 foodpanda、Uber Eats 等外送平台時，皆會提供餐點拍攝服務，在眼球經濟的興起下，對不知道如何行銷的店家來說，都是能提高餐廳曝光率及餐點質感，進而帶動購買率的新選擇。

❺ 簡易合作模式，降低店家負擔

顧客透過外送平台 App 向店家點餐後，當店家收取到訂單並準備好餐點，就會有和外送平台合作的外送員，前往店家取餐，並送到顧客手中，這對店家來說，是比較簡單的模式，且能節省外送成本，相對降低店家負擔。

加入外送平台須知

在決定加入外送平台時，可以評估餐廳目前的狀況，決定要先加入哪個平台，因在上架費、月費、抽成等都有各自的規定，如下表。

	foodpanda	Uber Eats
平台 官網說明 QRcode		
加入方式	寄送 Email 或撥打電話詢問。 Email：restaurants@foodpanda.tw 電話：02-27361278*202	線上填寫「餐廳合作意願表單」，5 天後會以 Email 或電話回覆店家。
抽成	餐點的 30% ～ 40%	餐點的 33 ～ 35%
上架費	約 5000 元左右。	約 6000 元左右。
月費	約 500 元左右。	約 600 元左右。
特點	設有「店內價」，供店家決定是否調高餐點售價。	設有「優饗方案」，供顧客以月費 NT$120 訂閱，只要餐點滿 NT$199（不含外送費），就可免運。

（註：上架費及月費以各平台實際規定為主。）

小額創業的新選擇：小廚經營攻略大公開

在餐飲經濟的崛起，要如何搭上宅經濟以及外送平台的順風車呢？除了要設計餐點、訂定自己的餐廳文化外，想要小額創業，可以運用虛擬餐廳，達到節省進場成本的最大效益。

6 大步驟帶領小廚創業

在進入小額創業之前，我們先來看小廚的定義為：月營收 20 萬元以下者，免開統一發票，但可給予收據的店家。

STEP 01 選擇地點

在決定地點之前，可以先做市場調查，觀察該地點哪些類型的餐廳較多，以作出市場的區別性。

若在創業初期，資金不充足，也可選擇從自家餐廳或廚房，延伸出一家虛擬餐廳，節省開店所須的櫃檯、座位、門面等成本，測試銷售量及整體成效後，再決定是否開設實體店面；或是賣中式、日式、東南亞料理、炸物、飲料等不同產品的小廚，可以合租 1 層樓或 1 間小屋，形成 co-working space 共同工作空間，甚至可商業登記註冊為工作室，分攤租金、管銷費用、繳稅等費用，都能有效節省資金。

▸ 外送 TIPS

在空間坪數小，免高房租、免裝潢、免座位、免服務生，甚至免開發票的前提下，可以找接近大馬路、超商或知名品牌地標的街巷，因為街巷租金比起路邊店，可能直接降三分之一或到半價，而且汽車不太會開進來，可省下大筆的押租金與漲房租的壓力，只要注意地點是方便外送員尋找、進出，以及停車取餐的地方即可。

STEP 02 決定菜單及定價

在決定餐廳的風格後，就可以決定主要要販售的餐點，可先決定 4 ～ 8 項主食，其他再依照餐廳風格，決定配餐配搭，如，決定中式餐點，配菜建議以螞蟻上樹、炒高麗菜等，不建議以日式的玉子燒作為配餐，以免風格造成衝突外，有可能喜愛吃中式餐點的顧客，不喜歡吃日式餐點。

除了主餐之外，也可能選擇 6 ～ 10 項湯品、小菜、滷味、飲品等製作，讓顧客有更多的選擇，進而滿足顧客喜歡嘗鮮的心。

STEP 03 外送餐點製作及包裝

在決定餐點後，在製作時，可以依照成本選擇食材，以及依出餐的流暢度、速度，決定是否要使用品質較高的半成品，以加快出餐的速度。

麵類	讚岐烏龍麵，或是乾燥的意麵、公仔麵、王子麵、雞絲麵等，可視餐點走向選擇配搭的麵條。
麵團類	冷凍麵團、 披薩麵皮、酥麵皮等。
調味類	油醋醬汁、椒鹽粉等。
飲品類	綠茶包、紅茶包、咖啡粉等。

而餐點製作之後，要如何包裝，使餐點在外送時不會打翻，讓顧客在用餐時擁有像在內用般的感受，並在打開餐點時有驚豔的感覺，內、外的包裝就是一個學問。

❶ 常見外帶餐盒介紹

市面上各式各樣的餐盒，店家可依照自己的料理，選擇適合的餐盒。

項目	編號	說明
分隔式餐盒	❶❺❻	將飯、菜分開擺放。
一體式餐盒	❷	放入炒飯等不須分隔擺放的餐點。
點心盒（含蓋）	❸	放入配菜、點心等餐點。
紙碗及三格內襯（含蓋）	❹	在紙碗內放偏乾的料理，內襯上放入含醬的料理。
扁碗（含蓋）	❼	放入炒飯等不須分隔擺放的餐點。
紙湯碗（含蓋）	❽❾	裝湯品、配菜、沙拉等。
醬料杯（含蓋）	❿	裝填醬料。

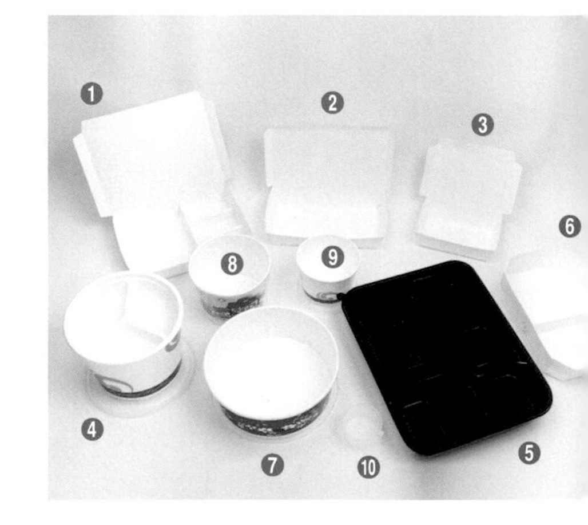

❷ 包裝料理方法

選用不同的包裝方法，能讓顧客在享用時，得到美好的食用體驗。

湯麵類	湯麵須分開包裝，讓顧客在用餐時再倒入湯汁，才不會在餐點抵達時，湯汁已被麵條吸乾。
乾麵類	乾麵若須淋上醬汁，可另附醬汁包，讓顧客在用餐時再淋上，才不會在餐點抵達時，醬汁已被麵條吸乾。
飯類	若想保持白飯乾爽的口感，可將炸物另外放入防油紙袋中；若是燴飯類，除了可另外以小紙盒裝醬料外，也先將白飯放入大圓紙碗內，上面再套入 1 層凹盤放置醬料，讓顧客在用餐時再淋上。
副餐類	若有附沙拉、水果、甜點、飲料等副餐，可另外運用紙容器盛裝，讓顧客在用餐時，會較好食用。

STEP 04 掌握顧客心態

若要提高整體餐點的客單價，就要從配餐、飲料等下手，例如決定販售中式餐點，當排骨飯定價 90 元，想提高客單價，可以搭配飲品、例湯等，將單價提高到 150 元，作為套餐販售，就能達到顧客想要 CP 值高的心態，而店家也能賺取較多的收入，而不會因客單價低，又要扣除平台抽成費用，導致整體賠本的狀況發生。

▸ 外送 TIPS

若原先設計 3 樣小菜加上例湯，在外送平台上就可改為 5 樣小菜，加上較有價值的季節竹筍湯或貢丸湯、青菜蛋花湯、菜頭排骨湯，份量為 1 小個圓紙碗，3 到 5 樣小菜則可升級為比較精緻的小菜，例如原本是炒青江菜、辣拌冬粉、滷豆乾，就可升級為炒高麗菜、螞蟻上樹、滷海帶結加上辣小魚豆乾、溏心蛋（或滷蛋）；飲料則可贈送冰紅茶、冬瓜茶或蕎麥茶等，甚至加送 1 份小甜點如紅豆湯、果凍、季節水果，讓顧客覺得豐盛、有質感，也能接受餐點的高單價。

此外，在主餐上添加對味的高級材料如松露醬、起司絲、蘭姆葡萄以及迷迭香或月桂葉等香草植物、枸杞紅棗或人參鬚等中藥材，都能提高單價。

STEP 05 品牌形象建立

不管是以線上或是線下的經營方式，都需要建立餐廳的品牌形象，才能永續經營。

❶ 經營理念

可以設計一句話作為餐廳的經營理念，如：「堅持使用天然食材製作料理，讓每個用餐的人，都能享受入口的每一刻」，或是「以美味、專業、服務為最高宗旨，期待帶給顧客最好的美食饗宴」等，依照店家想要呈現給顧客理念，設計出一句話，更能保持初心。

❷ 建立辨識度

要在眾多店家中脫穎而出，一定要設計專屬的餐點，或是提供相異於其他店家的配餐等，但也不建議若風格定調在中式，餐點出現西式，這樣易使顧客對於該餐廳的風格產生疑惑，並對餐廳的專業性產生質疑，所以餐廳的目標要明確，才能加強顧客對該餐廳的印象。

❸ 重視顧客體驗

如果接到顧客電話訴稱食物漏送、少送，應該立即先道歉安撫，記下對方電話，立即向外送平台及外送員查詢，如果是自己的疏失，應請外送平台或自行派人補送食物或換成正確訂單所訂食物，一查清楚問題並決定如何處理，就應回電給顧客，以免久等怒氣沖沖，把店家列為日後的拒絕往來戶，甚至發布負評，拉低平均評分，影響日後接單業績。

若屬外送員出錯，則請外送平台記錄下來，平台通常的處理的作法是補送正確、完整的食物給顧客，或已送出的食物不計費，當次或下次退款給顧客，或是給予相當於此次點餐費用的抵用金，以便顧客於下次訂餐時抵用。

STEP 06 線上導入線下的最高效益

在平台上的評分，也會影響整體的銷售量，所以當顧客在線上消費的體驗感受度良好，就會願意回購，而店家也能將線上導入線下（實體店面），增加顧客忠誠度。

▸ 外送 TIPS

除了維持餐飲與服務品質，還可請認識的人在點小廚餐點外送後，到外送平台上給予餐廳高評分，把平均評分盡量拉高，刺激陌生消費的點單意願；至於 google，評分者須先有 google mail 信箱帳號，從 google 搜尋小廚名稱後，右側會出現相片、google 地圖與據點位置、目前平均評分及已有多少則評論等資訊，這時只要點進地圖，就能查看顧客的評分與評論，盡量請認識的人或顧客給予自己好評，就能衝高平均評分，讓人慕名而來。

其他須知 Q&A

Q1. 什麼是「店內價」？

就是店家的店內售價與平台售價一致，外送平台為讓顧客下訂點餐，推出「店內價」專區，並在願意配合的店家名稱底下，標示「店內價」，贏取顧客好感；而願意配合的店家，通常也能換取到比較靠近瀏覽點餐首頁、上排的位置。

Q2. 店休設定在哪天比較好？

平日、假日，午餐及晚餐時間都是顧客最常消費的時段，晚餐時間消費比例又較午餐時段高，晚上 6 點以後是外送尖峰時刻，但周日午餐時段占比較少，反倒是下午 3 點以後的訂單比其他天都明顯較多，可能是顧客周日較晚用餐的緣故。因此，若店家並無假日家人團聚的考量，建議安排星期一店休較妥當。

Q3. 如何搭配優惠活動促銷？我自己也可以推出新菜色、周年慶等優惠活動讓平台幫我宣傳嗎？

當平台詢問是否搭配活動時，宜審慎決定、儘速回答，如果給的優惠夠大夠有吸引力，平台也會樂於以醒目標題或發電子信通知會員們這項好康。

新店家登上平台時，會先列入合作新店家專區，讓喜歡嘗鮮的會員下單，至於推出新菜色，會涉及審核問題，比較費時麻煩，所以不好賣的產品照可直接從平台後台拉掉或顯示虛圖（表示已刪除此道或停賣）即可，不宜經常更動菜單。

Q4. 我的 FB、IG、LINE 也能做生意，如何鼓勵附近的顧客來電訂餐並到店自取？

須發揮社群小編功能，經常 PO 出秀色可餐的漂亮餐飲產品照片，配上吸睛的圖說或小段介紹文字，吸引粉絲直接預約訂餐。

另建議給予自行到店取餐的人優惠或贈品，例如贈送小菜或冰紅茶等等；或是提供買 10 送 1 的折扣價，同時在提餐袋內附上店名片、店 MENU、DM，以利後續再訂。當然，要注意訂單的提醒鈴聲、新訊息，並立即回覆約多少分鐘可以出餐，以免錯失了機會。

CHINESE STYLE MEALS

中式餐點

CHAPTER 01

RECIPE 01

蛋黃瓜仔肉飯餐

建議附餐小菜　汆燙地瓜葉、養生黑豆、貢丸湯

材料 INGREDIENTS

蛋黃瓜仔肉

- 豬絞肉 150g
- 罐頭脆瓜 30g
- 蔥（切碎） 10g
- 蒜仁 15g
- 蛋黃 .... 1 顆
- 米酒 10cc
- 太白粉 5g
- 砂糖 3g
- 醬油 5cc
- 香油 5cc
- 胡椒粉 3g

裝飾

- 白飯 150g
- 辣椒（切絲） .... 適量
- 廣東 A 萵苣生菜 .... 適量
- 紅捲鬚生菜 .... 適量
- 芝麻葉苗 .... 適量

步驟說明 STEP BY STEP

食材處理

01 蒜仁拍扁後切碎。

烹調蛋黃瓜仔肉

02 先將蒜仁碎、蔥碎混合後，加入罐頭脆瓜、豬絞肉拌勻並甩打。

03 加入蛋黃甩勻。

04 再倒入米酒、太白粉、砂糖、醬油後靜置，備用。

05 約靜置 5 ～ 10 分鐘後，使豬絞肉吸附醬汁味道、入味，再倒入香油拌勻，撒上胡椒粉，放入電鍋。

06 外鍋放入約 300 cc 的水，蒸至開關跳起後，即完成蛋黃瓜仔肉，盛盤。

盛入容器裝飾

07 在蛋黃瓜仔肉上方放上辣椒絲、廣東 A 萵苣生菜、紅捲鬚生菜、芝麻葉苗裝飾。

08 搭配 1 大碗用電鍋煮好的白飯，即完成製作。

KNOW-HOW

成功訣竅 SUCCESS

甩打絞肉時，甩打時間長才能打出黏性，也會使蒸出來的肉質較 Q 彈，口感較佳。

快速訣竅 FAST

蔥碎、蒜仁碎、罐頭脆瓜加絞肉，大火拌炒，再加入米酒、醬油、脆瓜汁、胡椒粉翻炒，蓋上鍋蓋，待湯汁收乾即可。

增值訣竅 VALUE-ADDED

可把白米飯換成黑米飯，煮法與白米飯相同，黑米是不具有糯性的黑糙米，富含鈣、磷、鐵及維生素 B1，養生健康。

RECIPE 02

獨家料理招牌燉肉餐

建議附餐小菜 汆燙地瓜葉、養生黑豆、貢丸湯

材料 INGREDIENTS

招牌燉肉

- 豬五花肉 200g
- 紅蘿蔔 75g
- 油豆腐 20g
- 蔥（切蔥花） 2g
- 蔥（切段） 8g
- 蒜仁 10g
- 薑 10g
- 辣椒（切碎） 5g
- 沙拉油 50cc
- 醬油 200cc
- 冰糖 100g
- 米酒 100cc
- 水 1000cc
- 胡椒粉 20g

裝飾

- 白飯 150g
- 黑芝麻 適量
- 綠花椰菜 10g

步驟說明 STEP BY STEP

食材處理

01 將豬五花肉切塊，修成約 3×3×3cm 正立方體大小。

02 紅蘿蔔去皮，洗淨，切成大約 3×3×3cm 滾刀塊。

03 薑洗淨後切厚片，再稍加拍扁；蒜仁拍扁後切碎。

04 將油豆腐汆燙後備用。

烹調招牌燉肉

05 在鍋中倒入沙拉油後加熱。

06 放入蔥花、蔥段、薑片、蒜仁碎、辣椒碎炒香，再加入豬五花肉塊、紅蘿蔔塊，炒至金黃上色。

07 倒入醬油嗆香後，再加入冰糖炒軟。

08 倒入米酒嗆香後，倒入水及胡椒粉煮滾。

09 煮滾後，轉中小火，保持小滾，熬煮約 60 ～ 70 分鐘。

10 在起鍋前 15 分鐘，放入汆燙過的油豆腐，煮至收汁即可。

盛入容器裝飾

11 綠花椰菜汆燙熟，放在燉肉上方做為裝飾。

12 搭配 1 大碗用電鍋煮好的白飯，並可撒些黑芝麻在米飯上，即完成製作。

KNOW-HOW

快速訣竅 FAST

- 使用 75cc 沙拉油能較快燉熟，但因五花肉會釋出本身油脂，所以必須先撈除或濾去多餘的油，再盛入容器，以免太油膩。
- 另外也可用梅花肉排或肉片替代五花肉，事先用醬油等材料醃 1 小時以上，醃到上色後，要出菜前再進入煮滾程序即可。
- 夏天時，須注意醃肉可先放冰箱冷藏保鮮。

成功訣竅 SUCCESS

用熱水汆燙綠花椰菜時，可在水中放入少許沙拉油，可保持蔬菜的翠綠。

增值訣竅 VALUE-ADDED

炒肉或醃肉時加入適量罐裝的紅麴醬，即成招牌紅麴燉肉餐，可增添亮麗顏色與香味、口感和售價。

RECIPE 03

紅麴燒肉飯

建議附餐小菜 柚香蓮藕（P.150）、滷海帶結（P.136）、咖哩花椰菜（P.160）

材料 INGREDIENTS

五花肉……300g
地瓜粉……200g
沙拉油……600cc

醃料

砂糖……30g
豆腐乳……25g
紅麴醬（紅糟）……20g
五香粉……2g
胡椒粉……2g
蒜頭（切碎）……15g
紹興酒……5cc

裝飾

白飯……150g
肉燥……40g
黑芝麻……適量
香菜……適量
辣椒（切絲）……適量
紅麴醬（紅糟）……適量
溏心蛋（P.122）……半顆
薑絲海帶（P.130）……適量

步驟說明 STEP BY STEP

醃漬五花肉

01 取五花肉，並加入砂糖、豆腐乳、紅麴醬、五香粉、胡椒粉、蒜碎、紹興酒，醃漬30分鐘入味。

02 放入蒸籠或電鍋中蒸熟。

烹調紅麴燒肉

03 在鍋中倒入沙拉油，並加熱至180°C。

04 先將蒸熟的五花肉沾上地瓜粉，再油炸至金黃上色後，撈起瀝乾。

05 先以廚房紙巾（吸油紙）濾去油分，再將紅麴五花肉切片，即完成紅麴燒肉片。

盛入容器裝飾

06 將電鍋煮好的白飯盛入紙容器，並在白飯上方鋪肉燥，並灑上黑芝麻裝飾。

07 將紅麴燒肉片排列在白飯旁，另再附加溏心蛋、紅麴醬一起出餐，更有增值感。（註：也可附上薑絲海帶、醬蘿蔔等小菜。）

08 用香菜、辣椒絲裝飾，即完成製作。

KNOW-HOW

成功訣竅 SUCCESS

若要保留紅麴燒肉片中的醬汁，使入口時保有水分感，切勿回鍋油炸以免有油耗味，也勿使用人工色素，可選用馬祖紅糟又香又便宜，值得採用；更可隨餐附贈用迷你容器盛裝的紅麴醬，提高顧客用餐的滿意度。

快速訣竅 FAST

肉燥可自製大份量後冷藏備用，也可購買現成的冷藏肉燥包，尤其以手切豬肉的肉燥產品最有質感。

增值訣竅 VALUE-ADDED

製作肥瘦相宜、香噴噴的傳家滷肉飯更增值。做法如下：將600g豬頭肉（糟肉頭）、800g梅花肉、800g五花肉、75g乾香菇切丁炒熟，再加入250g紅蔥頭、100g蒜頭、75g青蔥切丁炒香，加入300cc米酒、150cc醬油、150g醬油膏、150g冰糖後，放入壓力鍋，蓋上鍋蓋，上壓2條線煮10分鐘即可，製成後待涼，即可盛入密封罐，放冰箱冷藏，要用時再取所須的量，較為方便。

RECIPE 04

秘製排骨飯

建議附餐小菜 塔香杏鮑菇（P.152）、番茄炒蛋（P.162）、百香果青木瓜（P.138）

材料 INGREDIENTS

材料	份量
帶骨大里肌肉	300g
地瓜粉	50g
太白粉	50g
麵粉	50g
沙拉油	600cc

醃料

材料	份量
醬油	30cc
砂糖	15g
五香粉	5g
胡椒粉	10g
香油	15cc
紹興酒	10cc
鹽	2g
全蛋	20g
太白粉	20g

什錦水

材料	份量
紅蘿蔔（切粒）	100g
香菜	20g
紅蔥頭	30g
蒜仁	30g
芹菜	30g
洋蔥	75g
冷水	600cc

裝飾

材料	份量
白飯	150g
小番茄	適量
巴西里	適量
白、綠花椰菜	適量

步驟說明 STEP BY STEP

什錦水處理

01 將紅蘿蔔粒、香菜、紅蔥頭、蒜仁、芹菜、洋蔥、冷水依序加入果汁機。

02 將步驟 1 食材打成什錦水後，備用。

烹調排骨

03 用肉槌將帶骨大里肌肉拍扁，備用。

04 取 100cc 什錦水，並加入全蛋、醬油、砂糖、五香粉、胡椒粉、香油、紹興酒、鹽、太白粉，攪拌均勻，即完成醃料。

05 將帶骨大里肌肉放入醃料中，醃漬入味，約 30 分鐘。

06 在鍋中加入沙拉油，並加熱至 180°C 。

07 將醃好的帶骨大里肌肉裹上地瓜粉、太白粉、麵粉後，放入油鍋炸熟後，撈起瀝乾切塊，即完成排骨。

盛入容器裝飾

08 先將電鍋煮好的白飯盛入紙容器中，再將炸好的排骨以廚房紙巾（吸油紙）濾去油分，切成塊狀後，放入白飯上方。

09 用小番茄、巴西里、白花椰菜、綠花椰菜裝飾，即完成製作。【註：也可用貝比生菜（baby leaf）裝飾，如：小松菜、芝麻葉、紅甜菜、捲葉萵苣等貝比生菜都很受歡迎，可先泡冰塊水，以延長貝比生菜的脆感，出餐時，注意不要放在剛烹煮完的食物上，以免因熱氣使貝比生菜軟化，如要加值再升等，也可另以夾鏈袋或小塑膠容器，把貝比生菜和少許核桃堅果裝在一起，建議顧客食用前再灑入。】

KNOW-HOW

成功訣竅 SUCCESS

- 將拍扁的里肌肉放在水龍頭下沖水，有如 spa 按摩般，會使肉質又滑又嫩。
- 另外還可在醃料中加入 15g 鳳梨果肉，利用天然酵素作用軟化排骨，是小蘇打粉的理想替代品。
- 在醃肉中加入什錦水能使肉質軟化並提香。
- 紹興酒不宜改用成本較低的米酒或紅露酒，以免香氣下降。

快速訣竅 FAST

使用肉槌拍扁肉，里肌肉變薄變大，會較快炸熟；什錦水可一次製作一天兩餐用量，先冷藏，要用時取出較快速。

增值訣竅 VALUE-ADDED

排骨可剁塊、汆燙去血水後，加入豆瓣醬、醬油醃至入味，再鋪在米飯上，用電鍋煮熟成煲仔飯，可作另一道飯食的變化，也可取 2 塊煲好入味的排骨搭配在排骨飯上，產生一排兩吃的增值加分。

RECIPE 05

嫩烤豬肋排

建議附餐小菜　和風洋蔥（P.128）、甘草豆乾（P.154）、塔香杏鮑菇（P.152）

材料 INGREDIENTS

材料	份量
豬肋排	600g

醃料

材料	份量
檸檬汁	30cc
芹菜	30g
蘋果	30g
薑（切片）	10g
洋蔥（切碎）	30g
青椒（切碎）	30g
蒜頭（切碎）	75g
紅蘿蔔（切碎）	40g
香菜（切碎）	10g
辣醬油	30cc
番茄醬	60g
黑胡椒粒	15g
砂糖 A	30g
蜜汁烤肉醬	15g
黃芥末醬	30g

秘製妙方烤肉醬

材料	份量
米酒	1800cc
深色醬油	1000cc
砂糖 B	500g
麥芽糖	300g
冰糖	200g
昆布	100g
烤過的雞骨架	750g
青蔥	150g
老薑（切片）	50g
柴魚片	30g

裝飾

材料	份量
白飯	150g
肉燥	適量
白芝麻	適量
汆燙過的白、綠花椰菜	適量

步驟說明 STEP BY STEP

醃漬豬肋排

01 將檸檬汁、芹菜、蘋果、薑片、洋蔥碎、青椒碎、蒜碎、紅蘿蔔碎、香菜碎、辣醬油、番茄醬、黑胡椒粒、砂糖 A、蜜汁烤肉醬、黃芥末醬混勻，即完成醃料。

02 將豬肋排放入醃料中，醃漬 1 小時，備用。

烤肉醬製作

03 在鍋中放入米酒、深色醬油、砂糖 B、麥芽糖、冰糖、昆布、烤過的雞骨架、青蔥、老薑片、柴魚片。

04 開火煮滾後，轉中小火繼續煮至濃稠，約 1 小時，即完成秘製妙方烤肉醬，百吃不膩。

烹調豬肋排

05 將醃好的豬肋排放入電鍋，外鍋加 2 杯水，蒸好後，開關跳起，稍加續悶 5 ～ 10 分鐘，會更入味。

06 取出蒸好的豬肋排，均勻刷上秘製妙方烤肉醬，備用。

07 預熱烤箱至 200°C，再放入蒸好的豬肋排烤約 10 分鐘，烤到金黃上色，即完成製作。

盛入容器裝飾

08 取電鍋煮好的 1 大碗白飯，盛入紙容器。

09 豬肋排另用紙容器裝好。（註：可附上檸檬角以供顧客在豬肋排上擠汁享用。）

10 在白飯上放上肉燥；並在豬肋排上灑上白芝麻，以增添風味。。

11 取汆燙過的白花椰菜、綠花椰菜裝飾，即完成製作。（註：可加辣椒圈、蔥花做裝飾。）

KNOW-HOW

成功訣竅 SUCCESS

將豬肋排醃漬入味後，先蒸再烤豬肋排，更能突顯美味與香氣，而醃漬的容器可採用陶土鍋，運用高密度，不吸收水分的鍋性，確保原汁原味。

快速訣竅 FAST

- 豬肋排肉質較硬，在醃料中可加入少許新鮮鳳梨果肉塊或木瓜果肉塊，加速肉質的軟化。
- 烹調時，可使用壓力鍋減少烹調時間，以保持肉質口感。

增值訣竅 VALUE-ADDED

- 為豐富菜色，可搭上配菜，如墨西哥雞肉脆皮沙拉或水果優格沙拉，成為超值套餐。（註：墨西哥雞肉脆皮沙拉製作方法參考 P.148；水果優格沙拉製作方法參考 P.144。）
- 製作烤肉、烤雞翅，可添加 15g 匈牙利紅甜椒製成的粉末（Paprika 紅椒粉），味道微甜、不辣，但濃郁的香氣、鮮豔的色彩都能讓成品的色調更漂亮加值。

RECIPE 06

七味燒烤松阪豬

建議附餐小菜　韓式泡菜（P.126）、薑絲海帶（P.130）、甘草豆乾（P.154）

材料 INGREDIENTS

松阪豬肉 300g

醃料

米酒 30cc
醬油 15cc
鹽 15g
砂糖 15g
七味粉 A 30g

烤肉調味料

七味粉 B 20g
蜂蜜 10g
檸檬汁 10cc
蜜汁烤肉醬 75g

裝飾

白飯 150g
洋蔥（切絲） 50g
蔥（切蔥花） .... 適量
紅甜椒（切絲） .... 適量
綠花椰菜 .... 適量
溏心蛋（P.122） .... 半顆
酸模葉 .... 適量

步驟說明 STEP BY STEP

食材處理

01 松阪豬肉以叉子叉洞，在醃漬時較能入味，備用。

02 洋蔥絲泡食用水，備用。

醃漬松阪豬

03 在烤盤或焗烤盤上，放入米酒、醬油、鹽、砂糖、七味粉 A，充分混合均勻，即完成醃料。

04 將松阪豬肉放入醃料內，靜置 10 分鐘入味，備用。

烹調松阪豬

05 預熱烤箱至 170°C 後，再放入醃好的松阪豬肉，烤約 10 分鐘。

06 將蜂蜜、檸檬汁、蜜汁烤肉醬混合後，調成烤肉醬汁，備用。

07 將烤好的松阪豬肉取出，均勻刷上烤肉醬汁。

08 放回烤箱繼續用 170°C，烤約 5 分鐘。

09 出烤箱前，再刷上烤肉醬汁，撒上七味粉 B。

10 將松阪豬肉切片，即完成製作。

盛入容器裝飾

11 盛裝 1 碗電鍋煮的白飯到紙容器內。

12 另取 1 個紙容器，以洋蔥絲鋪底，再把松阪豬肉片排放在上面。

13 擺上溏心蛋。（註：溏心蛋製作方法參考 P.122。）

14 以蔥花、綠花椰菜、紅甜椒絲、酸模葉裝飾，即完成製作。（註：可用辣椒圈裝飾。）

KNOW-HOW

成功訣竅 SUCCESS

隨餐另附 1 包以迷你夾鏈袋盛裝的七味粉，會讓顧客感到貼心。

快速訣竅 FAST

松阪豬肉油花分布均勻，口感爽脆不油膩，扎實帶 Q 有彈性，市售也有已調味的真空包裝急速冷凍產品，可鎖住肉汁不走味，快速出菜時可選用，另外還可以蒸、可炸，因此若為提供顧客不同的口味享用，可推出七味燒烤、香炸松阪豬，一味兩吃。

增值訣竅 VALUE-ADDED

- 可選用黃金六兩松阪豬，是整頭豬最珍貴的部位，肥瘦相間，肥而不膩，嫩中帶脆，強調黃金六兩可提升菜色價值。
- 可搭配美生菜、高麗菜絲食用。
- 醬油可選用日式柴魚醬油，可用味醂替代砂糖，更具日式風味。

RECIPE 07

白菜獅子頭芋香飯

建議附餐小菜 黃瓜粉皮（P.166）、椒香皮蛋豆腐（P.140）、甘梅地瓜薯條（P.174）

材料 INGREDIENTS

獅子頭配方

豬絞肉	350g
麵粉	100g
荸薺（切丁）	20g
蔥（切末）	20g
薑（切末）	10g
板豆腐（切丁）	150g
香菜葉（切末）	30g
芹菜（切末）	20g
香菇（切末）	30g
沙拉油 A	600cc
紅蘿蔔（切末）	50g
胡椒粉 B	30g
太白粉	100g
鹽 B	15g

白菜滷

乾香菇（切絲）	20g
蝦米 A（切末）	20g
大白菜	200g
高湯	600cc
米酒	60cc
蔥（切段）	50g
香菜	30g
沙拉油 B	45cc
胡椒粉 A	5g
鹽 A	10g

芋香飯

芋頭（切丁）	30g
紅蔥頭（切末）	20g
蝦米 B（切末）	10g
紅蘿蔔（切丁）	10g
白米	100g
沙拉油 C	75cc
水 A	少許
水 B	100cc
鹽 C	2g
胡椒粉 C	5g

裝飾

辣椒（切絲）	適量
玉米粒	適量
青豆仁	適量
蒜頭（切片）	適量
巴西里	適量

步驟說明 STEP BY STEP

烹調芋香飯

01 在鍋中倒入沙拉油 C 後加熱，放入紅蔥末、蝦米末 B 爆香。

02 加入芋頭丁、紅蘿蔔丁、水 A 稍微拌炒。

03 加入鹽 C、胡椒粉 C 調味、炒香。

04 加入白米拌炒。

05 放入電鍋，在外鍋中加入水 B 蒸熟後，即完成芋香飯，備用。

烹調獅子頭

06 將豬絞肉、荸薺丁、蔥末、薑末、板豆腐丁、香菜葉末、芹菜末、香菇末、紅蘿蔔末混合。

07 加入胡椒粉 B、太白粉、鹽 B 調味，搓成圓球狀。

08 在鍋中加入沙拉油，並加熱至 180°C。

09 裹上麵粉，待吸附的麵粉略呈現濕度後，入鍋炸熟後撈起瀝乾，再以廚房紙巾（吸油紙）濾去油分，即完成獅子頭，備用。

烹調白菜滷獅子頭

10 將沙拉油 B 加熱，放入乾香菇絲、蝦米末 A 爆香。

11 加入大白菜、高湯、炸好的獅子頭，煮至滾。

12 加入鹽 A、胡椒粉 A、米酒煨煮入味。

13 起鍋前再加入蔥段、香菜即完成白菜滷獅子頭，備用。

盛入容器裝飾

14 將芋香飯盛裝到紙容器內，白菜滷獅子頭盛入另一個紙容器，乾濕分離才能保持用餐時的爽口感。

15 以辣椒絲裝飾獅子頭；再以玉米粒、青豆仁、蒜片、巴西里裝飾芋香飯，即完成製作。（註：可用廣東 A 生菜、紅捲鬚生菜裝飾。）

KNOW-HOW

成功訣竅 SUCCESS

- 獅子頭主要用料五花肉講究完美的肥瘦黃金比例，入口才會好吃，一般肥瘦比例為 3：7，現代人較喜歡瘦肉多一些，因此也可採取肥瘦 2：8 的比例。
- 為讓肉丸口感滑而不膩，注意裹上麵粉後可稍加摔打至有黏性，並可加入五香粉調味，增加香氣。
- 獅子頭也可加入豬板油拌勻，增加黏稠感。

快速訣竅 FAST

可購買市售的冷凍獅子頭，若當中沒有附白菜滷，再自行烹製白菜滷，即可搭配，並在加熱煮熟後出菜。

增值訣竅 VALUE-ADDED

- 可增加配菜，如：青龍椒炒小魚，下飯又有好色彩。
- 可把白米換成有名的「益全香米」，米粒圓短飽滿，透明度佳，煮成米飯 Q 彈性佳，尤其以淡淡的天然芋頭香味最引人入勝。

RECIPE 08

雲南打拋豬

建議附餐小菜　水果優格沙拉（P.144）、黃金泡菜（P.124）、滷海帶結（P.136）

KNOW-HOW

成功訣竅 SUCCESS

本道是小辣程度，可依照顧客點餐時勾選的不辣、小辣、中辣、大辣，調整調味料中的辣椒用量為 0g、15g、25g、35g 左右。在炒肉快起鍋時可滴入幾滴新鮮檸檬汁，提升酸香氣息，消解油膩。

快速訣竅 FAST

豬絞肉先汆燙熟備用，不但能加快速度，成品也較無腥味；可使用市售的泰式打拋醬來做，但須強化雲南風用食材，把小番茄使用的量從 15g 增加到 30g，並使用 15g 香茅葉（一般泰式做法大量使用九層塔，而不使用香茅葉）。

增值訣竅 VALUE-ADDED

可搭薄餅或荷葉餅（可使用冷凍餅皮，入烤箱烤熟，或用無油的平底煎鍋煎熟），並放上 1 個煎蛋。

材料 INGREDIENTS

豬絞肉	300g
紅蔥頭（切片）	30g
小番茄（十字切開成 4 瓣）	75g
新鮮九層塔	10g
辣椒（切小片）	15g
花椒油	10cc
沙拉油	45cc

調味料

調味料	份量
醬油膏	50cc
水	30cc
白醋	30cc
薑（切末）	15g
香菜（切末）	15g
辣椒（切末）	15g
香油	15cc
砂糖	30g
泰式魚露	15cc

裝飾

裝飾	份量
白飯	150g
青龍椒	適量
彩色小番茄	適量
白、綠花椰菜	適量
新鮮香茅葉	10g

步驟說明 STEP BY STEP

烹調

01 在鍋中倒入沙拉油後加熱。

02 先放入紅蔥頭片爆香，再加入豬絞肉炒香後，加入辣椒片拌勻。

03 加入醬油膏、水、白醋、薑末、香菜末、辣椒末、香油、砂糖、泰式魚露拌炒均勻。

04 加入小番茄塊、九層塔稍加拌炒，淋上花椒油即完成製作。

盛入容器裝飾

05 將電鍋煮好的 1 大碗白飯，單獨盛入紙容器內。

06 將打拋豬肉盛入紙容器上方套入的塑膠凹盤，蓋上蓋子；或是另盛入紙容器，做到飯菜分離，避免白飯吸附油脂而有失鬆香口感。

07 在白飯邊上，可用青龍椒、彩色小番茄、白花椰菜、綠花椰菜、新鮮香茅葉裝飾，避免直接放在打拋豬肉上，以免被熱氣烘軟。（註：可用綠捲鬚生菜裝飾。）

RECIPE 09

XO 醬豬肉炒飯

建議附餐小菜　百香果青木瓜（P.138）、番茄炒蛋（P.162）、酥炸揚初豆腐（P.178）

材料 INGREDIENTS

材料	
豬絞肉	75g
XO 醬	20g
紅蔥頭（切片）	30g
蔥（切蔥花）	20g
全蛋	1 顆
美生菜（切絲）	40g
白飯	150g
沙拉油	50cc

調味料

調味料	
醬油	15cc
鹽	15g
胡椒粉	5g
香油	15cc

裝飾

裝飾	
枸杞	適量
貝比生菜（Baby leaf）	適量
香菜	適量

步驟說明 STEP BY STEP

烹調

01 在鍋中倒中沙拉油，輕搖鍋子，讓鍋內表面均勻沾上油分後，以大火炒香紅蔥頭片，若鍋中有多餘的油分可先過濾。

02 依序加入豬絞肉、XO 醬、全蛋炒勻。

03 轉中火，將電鍋煮好的白飯放入鍋中，加入醬油、鹽、胡椒粉、香油、蔥花拌炒均勻。

04 最後加入美生菜絲，稍微拌炒，即可起鍋，以保持生菜的鮮脆口感。

盛入容器裝飾

05 將炒飯盛入紙容器，並把美生菜絲挑些到炒飯表面，使炒飯顯得青翠。

06 在炒飯上用枸杞裝飾，貝比生菜（baby leaf）、香菜可裝飾在側邊。

KNOW-HOW

成功訣竅 SUCCESS

- 豬絞肉可加入米酒、鹽、玉米粉、胡椒粉醃漬，口感會更滑潤。
- 醬油從鍋旁徐徐倒入或繞圈淋入，再大火翻炒，利用鍋氣提香，有助米飯粒粒分明及提升香氣。
- 電鍋煮飯前，先在米水中滴 2 ～ 3 滴沙拉油，可讓米飯晶亮、不黏，開關跳起時，先悶 10 分鐘，再打開鍋蓋，拌鬆米飯，確保整鍋米飯溼度勻稱、口感一致。
- 使用前一天的剩飯或煮好放涼的米飯來炒最好吃，剩飯須用保鮮膜封住，冷藏，隔天從冰箱取出時，先灑些水在表面，用手抓鬆，避免炒時結塊。

快速訣竅 FAST

把要入鍋的材料和調味料依序排列，有利現用、現炒，以加快速度；若炒飯時有黏鍋情況，可移到另一個乾淨的炒鍋去炒，用過的鍋子必須刷洗過，以備隨時再用。

增值訣竅 VALUE-ADDED

台中秈 10 號，例如：宜蘭三星米，做炒飯最適合，高纖、顆粒分明，炒出 Q 軟香甜口感，花蓮越光米晶瑩剔透、飽滿有光澤，宜蘭越光米號稱來自日本新潟品種、更勝日本品種的米中之王，彈性、黏度、甘甜度都最佳，值得在菜單上標榜出來取勝；豬絞肉可用牛肉或豬肉絲代替，變成豬柳、牛柳炒飯，增加口感及嚼勁。

RECIPE 10

麻油松阪豬炒飯

建議附餐小菜 酥炸起司條（P.180）、三色蒸蛋（P.156）、薑絲海帶（P.130）

材料 INGREDIENTS

松阪豬肉（切丁）	100g
薑（切片）	20g
米酒	10cc
全蛋	1 顆
蔥（切蔥花）	20g
杏鮑菇（切丁）	50g
枸杞	10g
蜜黑豆	30g
白飯	150g
沙拉油	15cc

調味料

醬油	30cc
鹽	15g
胡椒粉	5g
胡麻油	75cc

裝飾

辣椒（切絲）	適量
辣椒（切圈）	適量
蔥（切絲）	適量
巴西里	適量

步驟說明 STEP BY STEP

烹調

01 在鍋中倒入沙拉油後加熱。

02 放入松阪豬肉丁、杏鮑菇丁、薑片煎香。

03 轉中火，打入全蛋，快速攪散至蛋液略呈凝固狀，放入電鍋煮好的白飯拌炒到米飯鬆散開來。（註：白飯使用須知可參考 P.37 的三個訣竅。）

04 依序加入醬油、鹽、胡椒粉、胡麻油炒勻，炒到飯粒呈乾爽狀。

05 加入蔥花、枸杞、蜜黑豆拌炒均勻，迅速起鍋。

盛入容器裝飾

06 將炒飯盛裝到紙容器中，擺盤，可挑些蔥花、枸杞、蜜黑豆到炒飯表面，會較好看。

07 以辣椒絲、辣椒圈、蔥絲、巴西里在炒飯旁裝飾。（註：可使用小番茄裝飾。）

KNOW-HOW

成功訣竅 SUCCESS

起鍋前也可加入美生菜絲，增加清爽與豐富度。

快速訣竅 FAST

松阪豬肉丁、杏鮑菇丁、薑片都煎香，蛋液先炒香，備用，等到點菜時再繼續炒飯動作，就能快速出菜。

增值訣竅 VALUE-ADDED

- 可標榜使用手工胡麻油或成分 100％胡麻油，讓顧客放心，同時創造升值空間。
- 松阪豬可以加雞腿肉一起拌炒，形成雙主菜的炒飯形式，讓價格得以提升。

RECIPE 11

酥炸椒麻雞

建議附餐小菜 黃金泡菜（P.124）、開胃乾絲（P.134）、和風洋蔥（P.128）

材料 INGREDIENTS

去骨雞腿肉 300g
沙拉油 600cc

醃料

砂糖 A 4g
胡椒粉 3g
米酒 5cc
香油 10cc
薑汁 10cc
鹽 4g
麵粉 10g

椒麻醬汁

白醋 11cc
醬油 9cc
砂糖 B 4g
水 6cc
辣油 15cc
花椒油 15cc

裝飾

白飯 150g
高麗菜（切絲） 50g
香菜 15g
蒜頭（切碎） 10g
辣椒（切碎） 10g
彩色小番茄 適量
紅、黃甜椒（切絲） 適量
黑芝麻 適量
酸模葉 適量

步驟說明 STEP BY STEP

前置處理

01 將高麗菜切細絲，隨即放入冰塊水中浸泡，讓高麗菜口感保持鮮脆。（註：須用食用水製作冰塊水。）

02 將白醋、醬油、砂糖 B、水、辣油、花椒油拌勻成椒麻醬汁，備用。

醃漬雞肉

03 去骨雞腿肉內面劃刀，加入砂糖 A、胡椒粉、米酒、香油、薑汁、鹽、麵粉，醃漬 30 分鐘備用。

烹調椒麻雞

04 在鍋中加入沙拉油，並加熱至 180°C。

05 取醃好的去骨雞腿肉，入鍋炸至金黃上色後，撈起瀝乾。

06 將去骨雞腿肉以廚房紙巾（吸油紙）濾去油分，切塊備用。

盛入容器裝飾

07 將高麗菜絲鋪入紙容器底部，再放入雞腿塊，撒上香菜、蒜碎、辣椒碎即可。

08 將椒麻醬汁另以迷你小容器盛裝，附餐供應，作為淋醬。

09 搭配 1 大碗用電鍋煮好的白飯。

10 使用彩色小番茄、紅甜椒絲、黃甜椒絲、黑芝麻、酸模葉裝飾，即完成製作。

KNOW-HOW

成功訣竅 SUCCESS

可加入現成的瓶裝泰式魚露放入醬汁中攪拌融合，以增加香氣與風味；白醋可用檸檬汁代替，滋味更鮮香；料理中的酸度、辣度可依喜好調整。

快速訣竅 FAST

- 入鍋煎雞腿肉時，一定要將雞皮面朝下先煎，直至煎出油分、從側邊開始呈現金黃上色，就可翻面，而利用油脂可較快把雞腿肉煎熟，皮酥肉軟有彈性。
- 使用超市的肉雞腿要比仿土雞快 4 分鐘以上煎熟，約煎 7 ～ 8 分鐘。

增值訣竅 VALUE-ADDED

在醃料中可加入稍加 10g 炒香的花椒粒，氣味更迷人。

RECIPE 12

橙汁醬嫩雞

建議附餐小菜　柚香蓮藕（P.150）、毛豆雪菜百頁（P.158）、螞蟻上樹（P.168）

材料 INGREDIENTS

雞腿肉（切塊）......200g
柳橙 A（去皮切丁）......60g
青椒（切塊）......30g
紅甜椒（切塊）......30g
沙拉油......400cc

醃料

醬油......15cc
胡椒粉......5g
玉米粉......15g
米酒......15cc
香油......15cc
鹽......3g
水......20cc

炸粉材料

太白粉......50g
地瓜粉......50g
低筋麵粉......50g

醬汁

白醋......18cc
濃縮柳橙汁......36cc
砂糖......36g
水......42cc
柳橙 B（去皮切丁）......20g
卡士達粉......15g

裝飾

白飯......150g
香鬆......適量
芝麻葉苗......適量
薄荷葉......適量
百里香......適量

步驟說明 STEP BY STEP

醃漬雞腿肉

01 將柳橙 A 去皮，果肉切丁；雞腿肉切塊。

02 加入醬油、胡椒粉、玉米粉、米酒、香油、鹽、水，醃漬 10 分鐘使雞腿肉入味。

烹調雞肉

03 在鍋中加入沙拉油，並加熱至 180°C。

04 將太白粉、地瓜粉、低筋麵粉拌勻，為炸粉材料，備用。

05 將醃好的雞腿肉沾裹炸粉材料後，放入油鍋炸熟，撈起瀝乾，再以廚房紙巾（吸油紙）濾去油分，備用。

06 取白醋、濃縮柳橙汁、砂糖、水、柳橙丁 B 放入鍋中煮滾。

07 加入卡士達粉勾芡，即完成醬汁。

08 將炸好的雞腿肉放入，加入紅甜椒塊、青椒塊拌勻，再淋醬汁在雞腿肉上，即完成製作。

盛入容器裝飾

09 搭配 1 大碗用電鍋煮好的白飯。

10 可取香鬆、芝麻葉苗、薄荷葉、百里香裝飾白飯，以增添風味。

KNOW-HOW

成功訣竅 SUCCESS

- 雞腿肉可用雞胸肉代替，較不油膩。
- 出餐時，可先不淋醬汁到雞肉上，而是把雞肉用防油紙袋裝好，與醬汁分開，由享用的人自行淋醬，以免雞肉不香脆。

快速訣竅 FAST

- 濃縮柳橙汁標榜內含柳橙原汁 50% 以上，柳橙汁與水採 1：9 比例調製即完成香濃柳橙汁。
- 炸粉可使用市售脆漿粉代替，但注意若採用市售麵包粉則口感較乾。

增值訣竅 VALUE-ADDED

- 白醋可改為蘋果醋，提升風味。
- 出餐時搭配新鮮去蒂的柳橙切片 2 ～ 3 片，有助提升美感與質感。

RECIPE 13

香酥大支雞腿飯

建議附餐小菜 和風洋蔥（P.128）、甘草豆乾（P.154）、塔香杏鮑菇（P.152）

材料 INGREDIENTS

雞腿 350g
沙拉油 600cc
地瓜粉 100g

醃料

太白粉 30g
低筋麵粉 30g
水 30cc
鹽 30g
胡椒粉 10g
五香粉 5g
全蛋 1顆
砂糖 20g
米酒 20cc

裝飾

白飯 150g
綠花椰菜 適量
溏心蛋（P.122） 半顆
香鬆 適量
蜜黑豆 適量
小番茄 適量

步驟說明 STEP BY STEP

醃漬雞腿

01 將太白粉、低筋麵粉、水、鹽、胡椒粉、五香粉、全蛋、砂糖、米酒充分拌勻，即完成醃料。

02 雞腿洗好、拭去水分，醃在醃料中，約 1 天，若在夏天，為了保鮮，可放在冰箱邊冷藏邊醃。

烹調雞腿

03 雞腿充分裹上地瓜粉。

04 在鍋內倒入沙拉油後並加熱至 170 ～ 180°C，開小火以炸 10 分鐘，炸到表皮呈現金黃色、外酥內熟，撈起瀝乾，再以廚房紙巾（吸油紙）濾去油分。

盛入容器裝飾

05 將炸好的雞腿裝入防油紙袋。

06 取電鍋煮好的白飯，並盛入紙容器內，放上綠花椰菜、溏心蛋。（註：溏心蛋製作參考 P.122。）

07 可灑香鬆在白飯上方；並將蜜黑豆、小番茄放置一旁裝飾，即完成製作。

KNOW-HOW

成功訣竅 SUCCESS

應選購大支的雞腿，炸到金黃不焦，外酥內軟，並在成品圖片上突顯出來，讓顧客未吃先有食慾及滿足感。

快速訣竅 FAST

先在雞腿肉上劃 1 刀，讓醃漬更快入味。

增值訣竅 VALUE-ADDED

- 在手持雞腿的腿骨部位，可繞一圈錫箔紙，以免油分沾手。
- 可標榜使用土雞或有品牌的雞腿產品，爭取顧客認同。
- 雞腿可用去骨雞腿代替，標榜大支無骨雞腿，讓顧客覺得更易享用。

RECIPE 14

孜然雞腿飯

建議附餐小菜 韓式泡菜（P.126）、咖哩花椰菜（P.160）、芝麻牛蒡絲（P.132）

材料 INGREDIENTS

去骨雞腿肉 300g

醃料

鹽 30g
砂糖 20g
蒜頭（切末） 20g
孜然粉 15g
檸檬汁 30cc
五香粉 5g
醬油 2cc
米酒 20cc
太白粉 35g

裝飾

白飯 150g
芥蘭菜 適量
孜然粉 適量
香鬆 適量
檸檬（切角） 1 塊
蔥（切蔥花） 適量
辣椒（切圈） 適量
番茄炒蛋（P.162） 適量
薑絲海帶（P.130） 適量

步驟說明 STEP BY STEP

醃漬雞腿

01 將鹽、砂糖、蒜末、孜然粉、檸檬汁、五香粉、醬油、米酒、太白粉充分拌勻，即完成醃料。

02 去骨雞腿肉洗好、拭去水分，醃在醃料中，約 30 分鐘，若在夏天，為了保鮮，可放在冰箱邊冷藏邊醃。

烹調雞腿

03 烤箱預熱到 170°C。

04 將醃好的去骨雞腿肉放在烤箱內的烤架上鋪平，皮朝下，烤 15 分鐘。

05 取出翻面，繼續以 230°C 烤 5 分鐘，烤到略微焦香、內軟嫩多汁而外酥脆飄香，即完成孜然雞腿。

盛入容器裝飾

06 將烤好的孜然雞腿撒上孜然粉裝飾後，裝入防油紙袋內。

07 取電鍋煮好的白飯盛入紙容器中後灑上香鬆，並放上番茄炒蛋、薑絲海帶。

08 可使用芥蘭菜、檸檬角、蔥花、辣椒圈裝飾，即完成製作。

KNOW-HOW

成功訣竅 SUCCESS

- 醃雞腿時可加入 5cc 紹興酒、少許香油增加香氣。
- 烤雞腿要出菜前可灑上少許黑、白芝麻或巴西里末增加色澤。

快速訣竅 FAST

新疆風味的孜然雞腿料理，用烤的最省事也最美味，可以提前用醃料醃漬雞腿，並以牙籤輕戳雞皮，戳出細孔後，再醃上 1 小時，能讓肉質完全吸附醃料並入味。

增值訣竅 VALUE-ADDED

用純橄欖油替代香油、用海鹽替代精鹽，或將粗粒黑胡椒磨粉後加入，都能提高價值；另可附贈烤紅甜椒片、黃甜椒片串，色香味俱全，使料理更加悅目。

RECIPE 15

麻油雞

建議附餐小菜　柚香蓮藕（P.150）、滷海帶結（P.136）、螞蟻上樹（P.168）

材料 INGREDIENTS

帶骨仿土雞腿 400g
老薑（切片） 60g
枸杞 5g
香菇（切塊） 30g
白山藥（切塊） 75g
米酒 800cc
胡麻油 100cc
鹽 1g

裝飾

白飯 150g
巴西里 適量
黑芝麻 適量

步驟説明 STEP BY STEP

前置處理

01 將枸杞泡入米酒中，吸飽酒汁後，撈出備用；米酒留用。

02 雞腿洗淨，剁塊，用熱水汆燙以去血水，備用。

烹調麻油雞

03 在大鍋中倒入胡麻油，熱鍋後，炒香雞腿塊、老薑片，起鍋。

04 依序加入白山藥塊、香菇塊，再倒入米酒，煮至酒精揮發掉。

05 起鍋前加入枸杞、鹽調味即可。

盛入容器裝飾

06 將煮好的麻油雞盛入耐熱的大紙容器內，蓋上蓋子。

07 盛裝 1 碗電鍋煮的白飯並以巴西里、黑芝麻裝飾。

08 配菜另外用紙容器分裝，即完成製作。（註：配菜可參考建議附餐小菜。）

KNOW-HOW

成功訣竅 SUCCESS

起鍋前，可加少許胡麻油、米酒，以提升香氣。

快速訣竅 FAST

一次煮 1 大鍋約 1 天份量的麻油雞，保溫備著，等點餐再分裝送出較快速。若未保溫，萬一冷了可微波加熱。

增值訣竅 VALUE-ADDED

- 使用土雞或放山雞及 100％純麻油更佳，可標榜極品麻油雞；除了白山藥，還可加入 2 塊紫山藥、1 塊米血，取名紅白山藥麻油雞，搭配雙色更賞心悅目，並能增加飽足感。
- 在點選單上可讓顧客選擇白飯或麵線，讓口味有變化，使顧客能依喜好選擇。

RECIPE 16

三絲涼麵

建議附餐小菜　薑絲海帶（P.130）、咖哩可樂餅（P.176）、韓式泡菜（P.126）

材料 INGREDIENTS

黃色拉麵	150g
雞胸肉	50g
全蛋	20g
紅蘿蔔（切絲）	20g
小黃瓜（切絲）	20g
沙拉油	10cc

家傳涼麵醬汁

醬油	15cc
香油	15cc
芝麻醬	60g
砂糖	15g
鹽	15g
烏醋	30cc
冷開水	30cc

裝飾

芝麻葉苗	適量

步驟說明 STEP BY STEP

前置處理

01 將雞胸肉放入熱水鍋中汆燙，約 15 分鐘，熟後，撈起放涼，再用手撕成細絲，備用。

02 在平底鍋中倒入沙拉油後加熱，將全蛋打散入鍋，煎成薄蛋皮後，起鍋，待稍涼，切成蛋皮絲，備用。

03 將小黃瓜絲、紅蘿蔔絲泡入冷開水中，約 10 ～ 20 分鐘，可使口感變脆，取出備用。

04 將醬油、香油、芝麻醬、砂糖、鹽、烏醋、冷開水放入碗中，拌勻成醬汁，備用。

烹調涼麵

05 將黃色拉麵放入熱水鍋內煮熟後撈起。

06 將煮熟的麵條，放入冰塊水中冰鎮，並瀝乾水分。（註：須用食用水製作冰塊水。）

盛入容器裝飾

07 將黃色拉麵盛入紙容器中，鋪上小黃瓜絲、紅蘿蔔絲、蛋皮絲、雞肉絲。

08 搭配的醬汁可用迷你容器另外盛裝。

09 以芝麻葉苗裝飾，使整體產生清爽感，可另放入 1 個小夾鏈袋內，附餐贈送。（註：可用薄荷葉裝飾。）

KNOW-HOW

成功訣竅 SUCCESS

- 可以選擇用白麵或雞蛋麵做替換。
- 醬油可換成日式醬油較不鹹，時下很流行搭配胡麻醬，也可把醬汁換成胡麻醬，做法是 300g 白芝麻、30g 冰糖，放入果菜調理機裡打約 1 分鐘以上，直至打到出油，即成勻稱的胡麻醬，若用不完可以密封後放冷藏。

快速訣竅 FAST

可利用市售的涼麵冷藏包，快速搭配配料、醬料即完成。

增值訣竅 VALUE-ADDED

- 夏天天氣熱，會想吃涼麵，但由於沒有湯汁，會建議搭配冷飲成為組合套餐，例如：仙草茶、冬瓜茶、清茶（包種茶）、檸檬汁等。
- 可附加 1 片即食火腿片，提升價值感與豐富度，另外也可讓顧客勾選要搭配本道料理製作的醬汁或夏天適宜的優格醬。

RECIPE 17

清燉牛肉麵

建議附餐小菜　百香果青木瓜（P.138）、毛豆雪菜百頁（P.158）、黃瓜粉皮（P.166）

材料 INGREDIENTS

- 牛腱 350g
- 紅蘿蔔（切塊） 75g
- 白蘿蔔（切塊） 75g
- 白麵 150g
- 青江菜 100g
- 嫩薑（切絲） 20g

調味料

- 胡椒粒 15g
- 月桂葉 2g
- 米酒 10cc
- 高湯 600cc
- 鹽 2g
- 桂皮 2g
- 蒜頭 50g
- 老薑（切片） 50g
- 辣椒 30g

裝飾

- 香菜 20g

步驟說明 STEP BY STEP

食材處理

01 將牛腱切塊。

02 將牛腱用熱水汆燙，以去血水，備用。

烹調牛肉麵

03 在壓力鍋內放入紅蘿蔔塊、白蘿蔔塊、胡椒粒、月桂葉、米酒、高湯、鹽、桂皮、蒜頭、老薑片、辣椒，上壓 2 條線，煮 8 分鐘。

04 將青江菜、白麵，另外放入熱水鍋中煮熟，備用。

盛入容器裝飾

05 將白麵放入紙容器中。

06 牛腱塊、紅蘿蔔塊、白蘿蔔塊、青江菜、嫩薑絲連同牛肉清湯放入另 1 個紙容器內。

07 以香菜裝飾，即完成製作。（註：可用辣椒圈、薄荷葉裝飾。）

KNOW-HOW

成功訣竅 SUCCESS

- 外送時，麵、肉湯分裝到不同紙容器內，以免麵條吸飽湯汁變得糊軟不爽口。
- 香菜、薄荷葉應另外放進小夾鏈袋，以免被湯麵熱氣烘軟。
- 加入牛番茄塊一起煮湯，可提升湯頭風味，並取名清燉番茄牛肉麵，也很受喜愛。

快速訣竅 FAST

牛腱可用牛肋條替代，若用電鍋烹調，外鍋放 2 杯水蒸至開關跳起，再悶約 30 分鐘即可，可在點餐時間之前提早做好並保溫。

增值訣竅 VALUE-ADDED

美國牛吃穀物飼料，油脂較多，口感滑嫩，價錢較高；澳洲牛吃草，放牧運動量大，纖維粗，不易軟爛。另外，如想增加選項，也可製作紅燒牛肉麵，牛腱先用滷料包滷製，牛腱分為前腿、後腿腱，後腿最佳部位是腱子心，肉質軟嫩，口感香醇，價錢很貴；前腿筋較多有嚼勁，是牛肉麵最適合的選料，尤以花腱最大、最貴，可以切出較大片的面積，先滷整顆再切，切面漂亮，先切塊再滷則較易入味；若不用牛腱而用胸部肋骨的條肉，肋條帶筋膜，滷久的口感更勝牛腱，牛腩是下腹部肉，有筋有油脂，口感滑嫩；市場行情成本高低依序是：牛小排、腱子心、修清牛腩、肋條、前腿腱，若使用燉、滷皆宜的腱子心，應在菜單上強調極品腱子心的特色，提高價值感。

RECIPE 18

港式鮮蝦雲吞湯麵

建議附餐小菜 甘草豆乾（P.154）、芝麻牛蒡絲（P.132）、和風洋蔥（P.128）

材料 INGREDIENTS

雲吞皮（餛飩皮）	5g
港式生麵	50g
韭黃（切丁）	30g
雞高湯	600cc
鹽 B	5g

雲吞餡料

去殼蝦仁	150g
豬絞肉	60g
蔥 A（切蔥花）	20g
全蛋	1 顆
胡椒粉	15g
鹽 A	15g
米酒	30cc
香油	15cc
玉米粉	50g

裝飾

綠花椰菜	
蔥 B（切蔥花）	適量

步驟說明 STEP BY STEP

雲吞處理

01 去殼蝦仁、豬絞肉、蔥花 A、全蛋、胡椒粉、鹽 A、米酒加入玉米粉拌勻後，稍微揉打，因玉米粉沒什麼筋性，須稍加揉打出筋性。

02 放入香油拌勻，即完成餡料。

03 將餡料包入雲吞皮中，邊緣稍沾水，再用指腹黏壓緊。

烹調雲吞湯麵

04 將港式生麵、雲吞分別放入熱水鍋內煮熟後，撈起瀝乾，備用。

05 將雞高湯加熱，加入鹽 B 後，備用。

盛入容器裝飾

06 外送前，將麵條，連同韭黃丁、雲吞放入 1 個紙容器內，並以綠花椰菜、蔥花 B 裝飾，而蔥花 B 可另放在小夾鏈袋內以免被熱氣烘軟。（註：可用香菜、辣椒圈裝飾。）

07 雞高湯另外盛入紙容器，做到乾、濕分離，雲吞才不會因過濕而糊掉。

KNOW-HOW

成功訣竅 SUCCESS

玉米粉的特點是香氣高，會讓聞的人產生食慾。

快速訣竅 FAST

可採用市售的鮮蝦高湯包，加熱後，再將煮熟的雲吞及麵條放入湯中即可。

增值訣竅 VALUE-ADDED

- 餡料可加入荸薺（切丁）、香菇（切丁）、少許豬板油，增加滑腴又爽脆的口感。
- 建議附餐配菜不一定要中式的，也可以變換口味，如日式的和風洋蔥，會讓整體用餐體驗更清爽、豐富。

RECIPE 19

酸菜白肉麵

建議附餐小菜 溏心蛋（P.122）、百香果青木瓜（P.138）、薑絲海帶（P.130）

材料 INGREDIENTS

材料	份量
豬五花肉片	60g
酸白菜（洗淨切段）	50g
粗麵條	100g
青江菜	2 棵
蔥（切段）	10g
雞高湯	600cc
蛤蜊	15g
白蝦	15g
蒜苗（切片）	10g
魚板片	25g
花枝餃	25g
小貢丸	20g
鹽 A	5g
鹽 B	5g
香油	10cc
胡椒粉	5g

裝飾

材料	份量
廣東 A 生菜	適量
紫洋蔥（切絲）	適量
薄荷葉	適量

步驟說明 STEP BY STEP

食材處理

01 豬五花肉片事先放入冰箱冷凍，凍硬後取出。

02 將凍硬的豬五花肉片，切成薄片狀，備用。

烹調

03 燒熱 1 鍋水，加入鹽 A 及香油煮沸後，放入粗麵條煮熟後，撈起、備用。

04 將雞高湯煮到滾沸，放入酸白菜段、白蝦、魚板片、花枝餃、小貢丸後，再放入鹽 B、胡椒粉調味，轉小火煮 3 分鐘。

05 加入豬五花肉薄片、蔥段、青江菜、蒜苗片、蛤蜊，續煮到肉片呈現白色、透明狀。

盛入容器裝飾

06 外送時，粗麵條可單獨放入紙容器內，其他湯料放入另 1 個紙容器內，以免麵條吸飽湯汁而過於軟爛。

07 可使用廣東 A 生菜、紫洋蔥絲、薄荷葉裝飾，建議另放入小夾鏈袋內，以保持鮮脆。

KNOW-HOW

成功訣竅 SUCCESS

- 酸白菜鹽分高，務必洗去鹽分，以免過鹹，也能讓顧客覺得比較健康。
- 雞高湯換成魚湯可增添不同的風味。
- 這道麵食可改為酸菜白肉鍋，增加附麵或附飯的選項，增加菜色的變化。

快速訣竅 FAST

利用市售的酸白菜冷凍包，即用即加熱，可加快速度。

增值訣竅 VALUE-ADDED

- 可把小顆蛤蜊換成大蛤利，約 10 顆，就可強調菜名為酸菜白肉蚌麵，以提高售價與豐富度。
- 另外還可加入菇菌類，如：香菇，並在菇面上劃花刀，提升美感。

RECIPE 20

紅油抄手公仔麵

建議附餐小菜　塔香杏鮑菇（P.152）、韓式泡菜（P.126）、三色蒸蛋（P.156）

材料 INGREDIENTS

餛飩皮……8張
公仔麵……100g
香菜葉……15g

餛飩餡料

豬絞肉……150g
油蔥酥……10g
蔥A（切蔥花）……10g
砂糖A……10g
玉米粉……20g
鹽……15g
胡椒粉……10g
香油A……5cc

抄手醬料

醬油……30cc
紅油（花椒辣油）……15cc
砂糖B……15g
白醋……15cc
蒜泥……15g
香油B……15cc
紅油辣醬……75g

裝飾

蔥B（切蔥花）……適量

步驟説明 STEP BY STEP

抄手製作

01 將豬絞肉甩打出黏稠性，加入油蔥酥、蔥花 A，以及鹽、砂糖 A、胡椒粉、玉米粉、香油 A 拌勻，即成餡料。

02 取餛飩皮，包入餡料。

03 邊緣沾少許水。

04 對摺成三角狀。

05 捏緊。

06 從右角往內摺。

07 再從左角往內摺。

08 壓緊，備用。

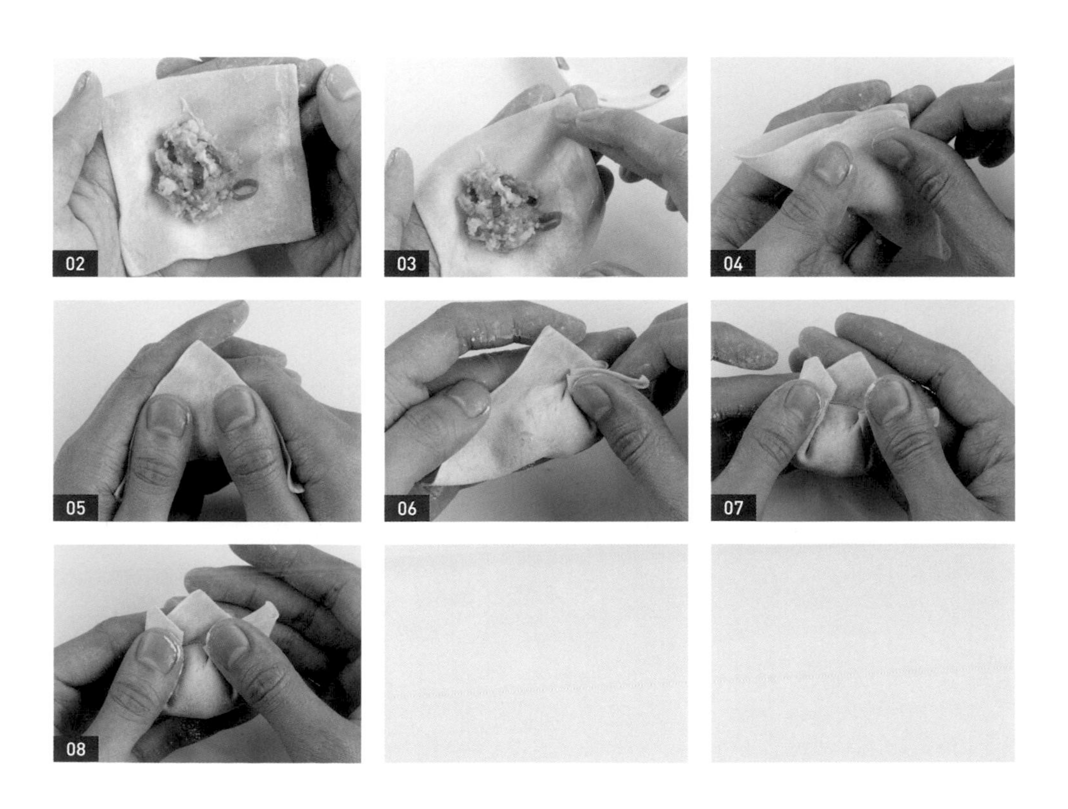

烹調麵食

09 將抄手放入滾水鍋內煮熟後，取出備用。

10 放入公仔麵煮熟後，取出備用。

11 將醬油、紅油、砂糖 B、白醋、蒜泥、香油 B、紅油辣醬拌勻，即完成抄手醬料，備用。

盛入容器裝飾

12 將煮熟的公仔麵、抄手放入紙容器內。

13 抄手醬料另外用迷你容器盛裝，可讓顧客在食用前淋上醬料，再享用。

14 以蔥花 B 裝飾，很多人喜愛在抄手上撒很多蔥花再食用，因此可把裝飾食材另以小夾鏈袋盛裝再送出。（註：可用香菜、辣椒圈裝飾。）

KNOW-HOW

成功訣竅 SUCCESS

餛飩是中國大陸北方的麵食，四川稱為炒手，多加花椒辣油，吃起來辛香暢快，夏天可加入豆芽（綠豆芽、銀芽）、黃豆芽等當季青蔬，倍增爽脆口感。

快速訣竅 FAST

公仔麵號稱香港的速食麵，3 分鐘就可煮熟，可使用市售炸好的公仔麵包裝，即可食用。

增值訣竅 VALUE-ADDED

餛飩餡可加入完整的剝殼蝦仁增加口感，吃起來 QQ 彈彈很鮮美，這樣就可強調菜名為紅油鮮蝦抄手公仔麵，以提升售價。除了公仔麵做法，也可搭配手工麵條成為紅油抄手乾拌麵，更有韌性嚼勁，以及香 Q 口感。

SOUTHEAST ASIA & JAPANESE MEALS

東南亞及日式餐點

CHAPTER 02

RECIPE 01

日式里肌炸豬排咖哩

建議附餐小菜　和風洋蔥（P.128）、韓式泡菜（P.126）、薑絲海帶（P.130）

材料 INGREDIENTS

豬里肌肉 200g
馬鈴薯（切塊） 75g
紅蘿蔔（切塊） 75g
沙拉油 600cc

炸粉材料

低筋麵粉 100g
蛋液 50g
麵包粉 100g

調味料

咖哩塊 80g
椰漿 75cc
水 800cc

醃料

鹽 10g
砂糖 20g
白胡椒粉 5g
米酒 30cc
太白粉 15g
香油 15cc

裝飾

白飯 150g
高麗菜（切絲） 30g
沙拉醬 25g
小番茄 30g
綠花椰菜（切小朵） 50g

步驟說明 STEP BY STEP

豬里肌肉片製作

01 用肉鎚鎚打豬里肌肉，將纖維打鬆打散。

02 加入鹽、砂糖、白胡椒粉、米酒、太白粉、香油，將豬里肌醃漬 30 分鐘入味。

03 先將豬里肌肉片沾裹低筋麵粉後，再沾裹蛋液，接著沾裹麵包粉。

04 將豬里肌肉上的粉料壓緊，以類似三溫暖的方式按摩後，靜置 10 分鐘，讓豬里肌肉吸收濕氣後反潮。

烹調炸豬排

05 在鍋中倒入沙拉油後加熱至 170°C，放入馬鈴薯塊、紅蘿蔔塊炸熟後，撈起瀝乾，再以廚房紙巾（吸油紙）濾去油分，備用。

06 油鍋留用，加熱至 160°C，放入已裹粉的豬里肌肉，油炸 6 分鐘，至表面金黃上色、熟透後撈起瀝乾，備用。

07 原油鍋續加熱至 180°C，將豬里肌肉回鍋再炸 10 ～ 15 秒至酥脆、逼出油分後撈起，瀝乾，再以廚房紙巾（吸油紙）濾去油分，即完成豬排，切塊，備用。

烹調咖哩

08 將咖哩塊和水放入鍋中攪勻後，加熱煮滾。

09 依續放入馬鈴薯塊、紅蘿蔔塊煮至濃稠後，加入椰漿煮 2 分鐘後，關火，即完成咖哩醬。

10 將綠花椰菜以滾水燙熟，備用。

盛入容器裝飾

11 取 1 碗用電鍋煮的白飯，並盛入紙容器中，放上高麗菜絲、豬排塊，再放入小朵綠花椰菜。

12 咖哩醬裝入小容器內，隨餐附上，讓顧客可自行淋用，以免過早淋醬使豬排塊受潮而失去酥脆感。

13 在豬排塊上擠些沙拉醬，以增添風味。（註：可撒上蔥花和柴魚片裝飾。）

14 擺放洗淨後的小番茄裝飾，即完成製作。

KNOW-HOW

成功訣竅 SUCCESS

- 豬里肌肉若有筋，須先挑斷筋，以免吃起來口感不佳。
- 要炸豬排時，因油溫不易控制，可先用測溫槍插入熱油中，測量溫度，或使用油炸機協助烹調，提升溫度並正確掌控，較不容易失敗。

快速訣竅 FAST

- 馬鈴薯塊、紅蘿蔔塊可以先炸熟後，放涼後冷凍，待需要烹調時，直接取出放入醬汁中加熱烹煮即可，冷凍過的蔬菜因發生纖維化的變化，較可快速熟透省時，口感同樣蓬鬆美味。
- 豬肉可事先醃漬入味後，裹上粉料再用三溫暖的方式按摩後，鋪平，再放入冷凍保存，待要烹調時，取出回溫，放入鍋中炸熟，可減少食物製備的流程。

增值訣竅 VALUE-ADDED

豬排可以運用蝴蝶刀手法，從豬排中間劃刀，且劃出開刀但不劃斷，在開口內放入起司片、火腿片後，再依照本道做法炸熟後，對切，隨即馬上流出香濃的起司，變化另類豬排美味，就可依照藍帶豬排價格販售。

RECIPE 02

雙拼咖哩

建議附餐小菜 百香果青木瓜（P.138）、塔香杏鮑菇（P.152）、甘草豆乾（P.154）

材料 INGREDIENTS

- 馬鈴薯（切塊）…… 100g
- 紅蘿蔔（切塊）…… 100g
- 洋蔥（切塊）…… 75g
- 白、綠花椰菜（切小朵）…… 50g
- 梅花豬肉（切塊）…… 150g
- 雞胸肉（切塊）…… 150g
- 小番茄（十字切開成 4 瓣）…… 2 顆
- 沙拉油 A …… 850cc
- 沙拉油 B …… 50cc

調味料

- 咖哩塊 …… 100g
- 水 …… 1200cc
- 咖哩粉 …… 10g
- 砂糖 A …… 20g
- 椰漿 …… 75cc
- 鮮奶 …… 50cc

醃料

- 鹽 …… 10g
- 砂糖 B …… 20g
- 白胡椒粉 …… 5g
- 米酒 …… 30cc
- 太白粉 …… 50g
- 香油 …… 15cc

裝飾

- 白飯 …… 150g

步驟說明 STEP BY STEP

醃漬肉塊

01 在梅花豬肉塊、雞胸肉塊中，加入鹽、砂糖 B、白胡椒粉、米酒、太白粉、香油醃漬 15 分鐘，備用。

烹調

02 在鍋中倒入沙拉油 A 後加熱至 180°C。

03 放入馬鈴薯塊、紅蘿蔔塊、梅花豬肉塊炸熟後，撈起瀝乾，再以廚房紙巾（吸油紙）濾去油分，備用。

04 在鍋中倒入沙拉油 B 後加熱，放入洋蔥塊，炒香。

05 依序放入馬鈴薯塊、紅蘿蔔塊、咖哩塊、水、砂糖 A、咖哩粉，煮至濃稠。

06 加入雞胸肉塊、梅花豬肉塊，煮熟，至入味。

07 放入小朵白花椰菜、綠花椰菜、小番茄塊、椰漿、鮮奶，煮約 2 分鐘即可。

盛入容器裝飾

08 在紙容器中依序放入白飯、洋蔥塊、豬肉塊、雞肉塊、馬鈴薯塊、紅蘿蔔塊、小朵白花椰菜、綠花椰菜、小番茄塊即可。

09 取 1 碗用電鍋煮的白飯，並盛入紙容器中。

10 咖哩醬裝入小容器內，隨餐附上，讓顧客可自行淋用，即完成製作。

KNOW-HOW

成功訣竅 SUCCESS

咖哩在熬煮的過程中，若是大量，較易燒焦，所以可用不沾鍋來烹煮，且要多次使用煎鏟從底部均勻翻拌，才能確保咖哩製作成功。

快速訣竅 FAST

馬鈴薯塊、紅蘿蔔塊、梅花豬肉塊可事先用油炸過，分裝冷凍，將每天所須的量取出即可，經油炸後的蔬菜料及肉塊熬煮過程中，不僅可以充分吸附咖哩味，更可以在長時間的熬煮浸泡中，維持著本身的形狀，不易造成糊化；咖哩也可以事先煮好，分裝真空冷凍，待須烹調時，隔水加熱後即可使用。

增值訣竅 VALUE-ADDED

在咖哩的運用上，可以選用 10g 無糖可可粉對 80cc 沸水拌勻溶解後，加入咖哩醬拌勻，調製成新穎的黑咖哩風味，選用無糖可可粉不但能保留可可原有香氣，又不會受糖分影響，造成整道菜餚口味過甜，影響風味與食慾。

RECIPE 03

唐揚雞丼飯

建議附餐小菜　溏心蛋（P.122）、炸揚初豆腐（P.178）、蒜香菠菜（P.72）

材料 INGREDIENTS

去骨雞腿肉（切塊）……300g
沙拉油……600cc

炸雞肉粉漿

唐揚炸雞粉……150g
水……140cc
七味粉……20g

醃料

鹽……10g
砂糖……20g
白胡椒粉……5g
米酒……30cc
玉米粉……15g
香油……5cc

裝飾

白飯……150g
巴西里……1 小支
黑芝麻……10g
七味粉……適量
海苔絲……30g
韓式泡菜（P.126）……50g

步驟說明 STEP BY STEP

烹調唐揚雞

01 取雞腿肉塊，並加入鹽、砂糖、白胡椒粉、米酒、玉米粉、香油醃漬 30 分鐘，入味後備用。

02 取唐揚炸雞粉、七味粉放進大碗中，加水調勻後，放入醃漬後的雞腿肉塊拌裹上粉料，靜置約 5 分鐘，讓雞腿肉塊吸收濕氣後反潮。

03 在鍋中倒入沙拉油後加熱至 170°C 。

04 放入已裹漿的雞腿肉炸熟至表面金黃上色，撈起瀝乾，再以廚房紙巾（吸油紙）濾去油分，即完成唐揚雞肉塊。

盛入容器裝飾

05 取 1 碗用電鍋煮的白飯灑上黑芝麻後，並盛入紙容器中，再放上唐揚雞肉塊，為免韓式泡菜濕度影響白飯的乾爽度、唐揚雞肉塊的酥脆度，外送外帶時宜放入另一個紙容器中。（註：韓式泡菜製作方法參考 P.126。）

06 在唐揚雞肉塊上撒海苔絲、七味粉，並取巴西里裝飾。

07 冰箱若有現成的柚香蓮藕成品，也可取 1 片當裝飾在白飯旁。（註：柚香蓮藕製作方法參考 P.150。）

KNOW-HOW

成功訣竅 SUCCESS

本道丼飯最重要的是雞肉的呈現，可以在炸雞肉粉漿中，加入少許沙拉油或白醋，這樣烹炸出來的雞肉會更加完美酥脆，也可保持較長時間的酥脆度，不易受潮軟化。

快速訣竅 FAST

可提前製作唐揚雞肉塊，將唐揚雞肉塊炸至 7 ～ 8 分熟後，靜置備用，等到接單須出菜時，再進入後續烹調，這時只須將油溫加熱並拉高至 180°C，放入唐揚雞肉塊回鍋炸 3 ～ 5 分鐘至熟即可。

增值訣竅 VALUE-ADDED

將 120cc 白醋、50g 番茄醬、7g 梅林醬、100g 砂糖、5g 紫蘇梅、50cc 水、2 片檸檬片放入鍋中，煮開後，把事先炸過的唐揚雞肉塊加入，拌勻翻炒，搭上白飯，就成異國糖醋雞飯，加點小巧思，即可讓食材產生豐富的變化與新滋味，因此可推出雙搭雙享餐，提升價值與吸引力。

RECIPE 04

厚切牛排丼套餐

建議附餐小菜 百香果青木瓜（P.138）、甘草豆乾（P.154）

材料 INGREDIENTS

牛小排	160g
壽司米	50g
鹽	5g
胡椒粉	5g
蒜仁 A（切片）	5g
沙拉油	200cc

蒜香菠菜

菠菜（切段）	75g
蒜仁 B（切碎）	5g
白芝麻	適量

醬汁

柴魚高湯	100cc
日式醬油	15cc
砂糖	15g
味醂	10cc

裝飾

壽司薑（嫩薑切薄片）	5g
日式香鬆	適量
海苔片	1 張
高麗菜（切細絲）	15g
小黃瓜（切薄片）	10g

步驟說明 STEP BY STEP

前置處理

01 將牛小排加入鹽、胡椒粉醃漬 10 分鐘入味。

02 將壽司米洗淨，以 1：1 比例（米：水），加同量的水放入電鍋中蒸 40 分鐘後，續悶 15 分鐘，再打開電鍋蓋，翻鬆，蓋上鍋蓋，備用。

03 將柴魚高湯、日式醬油、砂糖、味醂倒入鍋中煮開，即為醬汁，備用。

烹調牛小排

04 在平底鍋中倒入沙拉油後加熱至 100°C。

05 將醃漬好的牛小排放入鍋中，先煎一面至金黃上色後，再翻面，煎至正反兩面都金黃上色，每面約煎 2 ～ 3 分鐘。

06 將牛小排從鍋中取出，並移至盤中，蓋上鋁箔紙後，靜置 10 分鐘後，切片，備用。

07 利用鍋內餘油煎熱蒜仁 A，即完成蒜片，備用。

烹調蒜香菠菜

08 用鍋內餘油拌炒蒜仁 B、菠菜段，炒至變軟後取出。

09 撒上白芝麻裝飾，盛入小容器，即完成蒜香菠菜，備用。

盛入容器裝飾

10 將高麗菜絲放入大紙容器底部鋪底，再放上牛小排片，淋上醬汁，撒上蒜片。

11 以小黃瓜片、壽司薑片裝飾，並附上蒜香菠菜搭配品嘗，炒蒜青菜與煎蒜牛排的風味很搭。（註：因牛肉較高檔，所以建議附上 2 種小菜即可。）

12 取 1 碗用電鍋煮的白飯，並盛入紙容器中，再撒上少許日式香鬆以提升香味，即完成製作。

13 可另附海苔片，但因海苔片容易軟化，也可切成海苔細片，裝入小夾鏈袋中，顧客食用時再取出，以保持海苔鮮脆的口感。

KNOW-HOW

成功訣竅 SUCCESS

- 煎牛排的溫度一定要夠熱，讓油在平底鍋內形成薄薄一層油分，靜置時間達 10 分鐘，才能完美的將牛肉的甜美滋味鎖在肉質裡。
- 可在煎牛排時，放入 50g 牛油後，以小火燒成流質，用淋油的方式把牛排慢火邊淋邊煎至熟，這樣的牛排不易失敗，嫩硬適中最可口。

快速訣竅 FAST

- 可將較厚的牛排分切成骰子形狀大小後，先加熱鍋中的沙拉油，再放入骰子牛肉快速拌炒，炒至每一面都金黃上色即可。
- 壽司薑片是泡進砂糖、白醋中入味而成的，可買現成冷藏品即可，有薑的原色和粉紅染色兩種可選，搭配日式料理，鮮甜爽脆，但要注意薑片或薑絲都須放入冷凍，可延長保存期限，要用時再取出稍放回溫即可，也可以把薑片泡進市售的薑油內醃漬，隨時用於中式或日式料理中，添加風味。
- 柴魚高湯以 10g 柴魚對上 600cc 的水煮滾後，放入柴魚片，熄火冷卻後將柴魚片撈除，即成柴魚高湯。

增值訣竅 VALUE-ADDED

- 可把蒜片油炸至金黃上色，搭配厚切牛排食用，香味更強烈。
- 牛肉在烹調熱煎過程中，為了預防火力控制不當，可以在煎製完成、牛排還保持著熱度時，將牛排移到靜置盤上，放上一塊 30g 奶油後，蓋上鋁箔紙，利用餘溫將奶油慢慢融化，牛肉吸附奶油後會更加香醇，美味加分，令人一旦吃過就難忘。

RECIPE 05

照燒無骨雞腿

建議附餐小菜 芝麻牛蒡絲（P.132）、椒香皮蛋豆腐（P.140）、黃瓜粉皮（P.166）

材料 INGREDIENTS

材料	份量
去骨雞腿肉	300g
洋蔥（切絲）	20g
白芝麻	10g

調味料

材料	份量
醬油 A	20cc
味醂	20cc
米酒 A	10cc

照燒醬

材料	份量
米酒 B	150cc
柴魚	7g
冰糖	30g
麥芽糖	35g
醬油 B	45cc

裝飾

材料	份量
白飯	150g
醃梅子	1 顆
哈蜜瓜（挖球狀）	3 小球
小番茄（切對半）	5g
巴西里	1 支
食用花	2g

步驟說明 STEP BY STEP

前置處理

01 雞腿肉用洋蔥絲、醬油 A、味醂、米酒 A 醃漬 40 分鐘入味。

02 將米酒 B、柴魚、冰糖、麥芽糖、醬油 B 放入鍋煮滾後，轉小火熬煮 30 分鐘至濃稠狀，即成照燒醬，備用。

烹調

03 將醃好的雞腿肉放入預熱至 180°C 的烤箱內，烤 2 分鐘後翻面，塗上照燒醬。

04 2 分鐘後再次翻面，塗上照燒醬。

05 重複步驟 3-4 的動作 3 次，最後將雞皮朝上烤 5 分鐘至全熟。

06 從烤箱取出後切片，撒上白芝麻，即完成照燒雞腿片。

盛入容器裝飾

07 取 1 碗用電鍋煮的白飯，並盛入紙容器中，在白飯上方放上 1 顆醃梅子。

08 在白飯側邊放上照燒雞腿片，並以巴西里裝飾，另用哈密瓜圓球、小番茄塊、食用花裝飾在一旁，以免被照燒雞腿片的熱氣烘軟。

KNOW-HOW

成功訣竅 SUCCESS

- 因每部烤箱的火力不完全一致，所以雞腿肉可先刷上照燒醬後，先入蒸鍋蒸熟後取出，再刷上 1 次照燒醬後，入烤箱以 180°C 烤 6 ～ 8 分鐘即可，運用蒸過再烤的方式，較容易控制烤的時間及色澤，並可預防雞腿肉沒熟的問題。
- 在熬煮醬汁時，可加入 50g 烤過或炸過的金黃上色雞骨架一同熬煮約 30 分鐘，有助提升醬汁的風味及色澤。

快速訣竅 FAST

照燒醬可先熬煮起來，待涼後，冷藏備用，待要烹調烘烤時，直接取出刷上雞腿肉即可，可節省熬煮、等待的時間，在雞腿肉多肉的一面，用小刀劃刀，可以加快肉質吸附照燒醬味道以及烘烤熟成的時間；也可採買市售照燒醬使用，節省調醬時間。

增值訣竅 VALUE-ADDED

可添加 60cc 味醂、1cc 檸檬汁、25g 日式炒麵醬、10cc 鰹魚醬油、1g 朝天椒粉、25g 糖、15cc 紅酒、15g 蘋果泥拌勻後，與雞腿肉醃漬後烤熟，做出不同風味的蘋果紅酒燒雞肉料理，提升產品的境界與風味。

RECIPE 06

鹽麴五花豬排飯

建議附餐小菜　塔香杏鮑菇（P.152）、金沙炒苦瓜（P.164）、螞蟻上樹（P.168）

材料 INGREDIENTS

五花肉 300g

醃料

- 鹽麴 100g
- 黑胡椒 10g
- 鹽 5g
- 砂糖 30g
- 米酒 75cc
- 蔥 A（切碎） 30g
- 老薑（切碎） 15g
- 蒜頭（切碎） 30g

裝飾

- 白飯 150g
- 金桔（切對半） 1 顆
- 蔥 B（切碎） 適量
- 美玉白汁 適量

步驟說明 STEP BY STEP

醃漬五花肉

01 將鹽麴、黑胡椒、鹽、砂糖、米酒、蔥碎 A、老薑碎、蒜碎混合後，即完成醃料。

02 將五花肉表面均勻抹上醃料後，抓醃入味。

03 翻面均勻沾上醃料，抓醃入味。

04 用肉針器快速多次的按壓、扎刺。

05 放入冰箱醃漬至隔夜，備用。

01

02

03

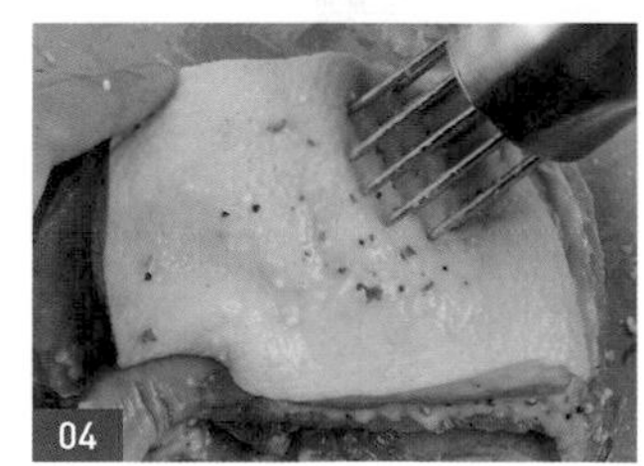
04

烹調鹽麴五花肉

06 第二天取出醃漬後的五花肉。

07 放進預熱至 180°C 的烤箱，烤約 20 ～ 25 分鐘至熟，切片，即完成鹽麴五花肉片。

盛入容器裝飾

08 取1碗用電鍋煮的白飯，並盛入紙容器中，擺上鹽麴五花肉片，可撒蔥碎B或以小夾鏈袋盛裝，隨餐附送。

09 可附送美玉白汁當做沾醬，宜放入迷你容器內。

10 可搭配咖哩花椰菜、三色蒸蛋、蒜香菠菜、韓式泡菜、和風洋蔥裝飾並食用，豐富質感，並以金桔塊裝飾。（註：咖哩花椰菜製作方法參考 P.160；三色蒸蛋製作方法參考 P.156；蒜香菠菜製作方法參考 P.72；韓式泡菜製作方法參考 P.126；和風洋蔥製作方法參考 P.128。）

KNOW-HOW

成功訣竅 SUCCESS

- 烘烤的五花肉，醃肉時是否入味非常重要，需要長時間醃漬味道較佳，由於豬皮的部分較厚，必須用肉針器（嫩肉針）快速多次按壓、扎刺，才能使肉的風味完整呈現。
- 鹽麴是米麴與鹽發酵熟成的調味料，因鹽度較低，可使用在肉品醃漬上，幫助肉品加快軟嫩速度，但須注意鹽麴易焦，必須隨時留意烤箱內的狀況，以免美味流失，並可在五花肉的表皮上，刷上少許白醋或醬油，幫助烤好的肉排大幅提升香氣及脆口度。

快速訣竅 FAST

將五花肉醃漬後，可用蒸鍋先蒸熟，再依照原有的步驟，接著烘烤五花肉即可，這樣肉本身已經熟成了，很快就可烤到五花豬皮呈現金黃上色、口感酥脆的程度，充分縮短了全程烘烤製作的時間。

增值訣竅 VALUE-ADDED

將30cc白醋、10g牛排醬、40cc辣醬油、35g番茄醬、30cc烏醋、110g砂糖、210cc開水、10g檸檬片、5g話梅一起放入鍋中，煮開溶解後，淋到烤好的五花肉上，就變化出另類的京都脆皮五花肉料理。不僅保有脆皮五花肉傳統原有的風味，更另外增添了幾分南京特色菜的色香味，大幅增值。

RECIPE 07

經典鮭魚炒飯

建議附餐小菜 蒜香菠菜（P.72）、薑絲海帶（P.130）、甘草豆乾（P.154）

材料 INGREDIENTS

材料	份量
煙燻鮭魚（切丁）	150g
白飯	150g
全蛋	1顆
洋蔥（切丁）	50g
沙拉油	90cc
乾香菇（切丁）	30g
美生菜（切絲）	75g
蔥（切碎）	20g
毛豆仁	50g

調味料

調味料	份量
醬油	50cc
鹽	5g
白胡椒粉	3g
砂糖	20g
素蠔油	30cc

步驟說明 STEP BY STEP

烹調炒飯

01 在鍋中倒入沙拉油後加熱。

02 打入蛋液，炒成碎蛋香酥狀。

03 加入洋蔥丁、乾香菇丁、煙燻鮭魚丁爆香。

04 加入白飯、毛豆仁、醬油、鹽、白胡椒粉、砂糖、素蠔油拌炒均勻。

05 加入 50g 美生菜絲、蔥碎拌炒約 1 分鐘，即可起鍋。

盛入容器裝飾

06 將炒飯盛入紙容器中。

07 可將毛豆仁挑到炒飯表面，視覺會較青翠漂亮。

08 以 25g 美生菜絲、蔥碎裝飾炒飯表面，即完成製作。

KNOW-HOW

成功訣竅 SUCCESS

一般煮飯的方法，煮出來的白飯會稍有黏性，不適合製作炒飯，所以煮米的時候可用米：水為 1：0.8 的比例，才不會太黏，再加入 30cc 沙拉油在米與水中，這樣煮出來的飯才會粒粒分明，在翻炒過程比較不會沾黏；也可以用烤過的魚骨與白米一同蒸煮，可在米飯中增加魚骨的風味。

快速訣竅 FAST

將蛋液倒入剛煮好還溫熱的白飯中，一同拌勻，在炒飯時，蛋液不僅可以完美包裹著每一粒米飯，使米飯粒粒金黃，更可以在一開始的步驟中，節省了炒蛋的時間與手法，因為炒蛋有技巧性，若蛋已經與白飯拌勻，可更有效達到省時作用。

增值訣竅 VALUE-ADDED

將 100g 沙拉醬、100cc 美玉白汁、10g 明太子、20g 酸黃瓜、15g 果糖拌勻後，製成明太子沙拉醬，加入剛炒好還溫熱的炒飯中，用炒飯的餘溫將沙拉醬融化拌勻，炒飯中因有鮭魚及明太子結合，如同親子炒飯般呈現完美風味與樣貌，也為鹹香的炒飯增添了香甜的口感，取名為明太子醬鮭魚炒飯，價格可跟著提高。美玉白汁常用做沙拉醬，比沙拉醬的含油量更低，成分包含沙拉油、水、糖、蛋、醋、鹽、調味劑、天然香料、玉米糖膠等，品質較好的則強調含有小麥、大豆成分，適合做為百變基底，質地柔滑濃稠，口味甜中略微帶酸，可買大份量；作為各種口味沙拉的基底。

RECIPE 08

椒鹽鮭魚飯

建議附餐小菜 開胃乾絲（P.134）、塔香杏鮑菇（P.152）、咖哩花椰菜（P.160）

材料 INGREDIENTS

鮭魚片……200g
蒜頭（切片）……15g
生薑（切片）……15g
蔥（切碎）……15g
香菜（切碎）……5g
沙拉油……600cc

調味料

鹽 A……5g
白胡椒粉 A……3g
砂糖 A……20g
米酒 A……30cc

醃料

鹽 B……10g
白胡椒粉 B……5g
砂糖 B……20g
米酒 B……30cc

裝飾

白飯……150g
海苔香鬆……1g
小番茄（切對半）……1 顆
金桔（切對半）……1 顆
食用花……1g
白、綠花椰菜（切小朵）……2 朵

步驟說明 STEP BY STEP

醃漬鮭魚

01 鮭魚片用鹽 B、白胡椒粉 B、砂糖 B、米酒 B 醃漬 10 分鐘入味，備用。

烹調

02 在平底鍋中倒入沙拉油後加熱。

03 以中火炸醃鮭魚片至表面呈金黃色後，起鍋，以廚房紙巾（吸油紙）濾去油分，備用。

04 利用鍋中餘油爆香蒜片、生薑片、鹽 A、白胡椒粉 A、砂糖 A、米酒 A，起鍋前加入蔥碎、香菜碎，翻炒均勻後撈起，即完成椒鹽醬汁。

05 在椒鹽醬汁上方，擺上濾油過的炸鮭魚片，即完成椒鹽鮭魚片。

盛入容器裝飾

06 將1碗電鍋煮的白飯、椒鹽鮭魚片放入紙容器中，在白飯上撒海苔香鬆。

07 用小番茄塊、金桔塊、食用花、白花椰菜、綠花椰菜裝飾，並可用少許和風洋蔥、柚香蓮藕裝飾並豐富口感。（註：和風洋蔥製作方法參考 P.128；柚香蓮藕製作方法參考 P.150。）

KNOW-HOW

成功訣竅 SUCCESS

煎鮭魚時，鍋子的熱度若沒掌握好，容易沾黏，所以可以在魚肉上，拍上適量的地瓜粉，可使煎出來的顏色金黃，口感酥脆，且粉有保護的作用，較可預防沾黏。因鮭魚本身的油質含量較高，若使用不沾鍋來烹調，就可以減少用油量，或者不用放油，煎出來的鮭魚也會很漂亮。

快速訣竅 FAST

鮭魚可事先醃漬起來備用，因煎鮭魚的時候須兩面來回煎，烹調時間較長，所以可將醃漬好的鮭魚用油炸方式烹調，入油鍋的鮭魚，持煎鏟稍微晃動，預防沾黏，油溫保持在 170 ～ 180°C 左右，炸至兩面呈現金黃上色後，用細筷子戳入檢查是否已熟。

增值訣竅 VALUE-ADDED

可使用 60cc 醬油、150cc 米酒、60cc 味醂、5g 糖、5g 薑片調配成日式照燒醬後，再加入白蘿蔔片與醬汁煮開後，放入煎好的鮭魚煨煮，任一面煨煮約 2 ～ 3 分鐘後翻面，再煨煮約 5 ～ 7 分鐘至入味即可，最後再將熬煮過的白蘿蔔片取出，搭配食用，日式照燒醬鮭魚又是一道華麗的和風美饌。

RECIPE 09

炒讚岐烏龍麵

建議附餐小菜　塔香杏鮑菇（P.152）、黃瓜粉皮（P.166）、番茄炒蛋（P.162）

材料 INGREDIENTS

材料	份量
烏龍麵	200g
梅花豬肉（切片）	80g
高麗菜（切絲）	50g
鮮香菇（切片）	40g
胡蘿蔔（切絲）	20g
蒜頭（切片）	15g
貢丸	30g
白蝦	3 尾
蛤蜊	75g
沙拉油	90cc

昆布高湯

材料	份量
昆布（切段）	30g
柴魚	30g
紅蘿蔔（切塊）	150g
洋蔥（切片）	150g
水	1000cc

調味料

材料	份量
砂糖 A	20g
鹽 A	5g
白胡椒粉 A	3g
昆布高湯	250cc

醃料

材料	份量
鹽 B	10g
砂糖 B	20g
白胡椒粉 B	5g
米酒	30cc
太白粉	20g

裝飾

材料	份量
香菜	1 支
蔥（切碎）	3g

步驟說明 STEP BY STEP

昆布高湯製作

01 昆布段泡食用水 2 小時，泡至軟，備用。

02 將水煮滾。

03 將泡軟的昆布段、柴魚、紅蘿蔔塊、洋蔥片放入滾水鍋，用中小火熬製，熬至剩約 400cc，過濾出湯汁，即完成昆布高湯，備用。

醃漬肉片

04 將梅花豬肉片加入鹽 B、砂糖 B、白胡椒粉 B、米酒、太白粉醃漬 10 分鐘，備用。

烹調

05 在鍋中倒入沙拉油後加熱。

06 放入蒜片爆香。

07 依序放入醃好的梅花豬肉片、高麗菜絲、香菇片、胡蘿蔔絲、貢丸、白蝦、蛤蜊拌炒均勻。

08 再加入烏龍麵、砂糖 A、鹽 A、白胡椒粉、250cc 昆布高湯拌炒約 1 分鐘即可。

盛入容器裝飾

09 將炒讚岐烏龍麵盛入紙容器中，外送前可把麵條撈出另外盛裝，以免吸收過多醬汁而使麵條糊軟，影響口感。

10 以香菜、蔥碎裝飾，即完成製作。

KNOW-HOW

成功訣竅 SUCCESS

為確保高湯熬煮成功，可將所有湯料用豆漿所用的布包包裹起來，再放入鍋中熬煮，不僅可以預防湯料沾黏鍋底燒焦，也可使熬煮後再過濾出的湯汁，更完美清澈。

快速訣竅 FAST

- 可將昆布高湯預先熬煮起來，所有配料可先處理好，並分裝成小袋，再放入冷藏備用，待要烹調時，適量高湯加上各一份材料倒入鍋後，加入高湯及烏龍麵煨煮翻炒，即可馬上享用。
- 可買市售的冷藏讚岐烏龍麵，更方便。

增值訣竅 VALUE-ADDED

- 可以將梅花豬肉變化成牛五花肉或海鮮料，如：蝦仁、花枝、干貝、蟹肉等，並且取名如頂級牛五花讚岐烏龍麵等，牛五花肉富含的油質較多，在炒的過程中出油，可以為整道菜餚帶出不同的香氣。
- 在烏龍麵口味的選擇上，也可以挑選菠菜烏龍麵、紅藜烏龍麵等，增強口味搭配上的變化。

RECIPE 10

元祖雞腿拉麵

建議附餐小菜　韓式泡菜（P.126）、滷海帶結（P.136）、毛豆雪菜百頁（P.158）

材料 INGREDIENTS

元祖雞拉麵	1 包
青江菜	2 棵
鮮香菇（十字切開成 4 瓣）	30g
雞腿肉排	300g
油豆腐	30g
沙拉油	200cc

豚骨高湯

雞骨架	600g
豬龍骨	600g
雞腳	600g
洋蔥（切圈）	300g
蒜頭（拍扁）	100g
蔥 A（切段）	50g
老薑（切片）	30g
乾香菇（切對半）	30g
白胡椒粒	10g
水	6000cc

調味料

鹽 A	5g
砂糖 A	10g
白胡椒粉 A	5g

醃料

鹽 B	10g
白胡椒粉 B	5g
砂糖 B	20g
米酒	30cc
麵粉	50g

裝飾

罐裝熟玉米粒	30g
蔥 B（切碎）	20g
溏心蛋（P.122）	1 顆
芝麻牛蒡絲（P.132）	30g

步驟說明 STEP BY STEP

前置處理

01 將元祖雞拉麵放入熱水鍋內汆燙熟；雞骨架、豬龍骨也汆燙過水，以去血水，備用。

02 青江菜、鮮香菇塊、油豆腐放入熱水內，汆燙熟，備用。

烹調

03 將雞骨架、豬龍骨、雞腳、洋蔥圈、蒜頭、蔥段 A、老薑片、乾香菇塊、白胡椒粒、水放入鍋煮滾後，轉小火，慢熬到剩 3000cc，過濾出湯汁，取 600cc 備用，其他待涼後可分裝小袋，放入冷凍待日後再用。

04 將雞腿肉排加入鹽 B、砂糖 B、白胡椒粉 B、米酒醃漬 15 分鐘後，再均勻地沾上麵粉，備用。

05 在鍋中倒入沙拉油後加熱，放入雞腿肉排，先煎有皮的一面，煎至金黃上色，翻面再煎金黃上色，煎至熟。

06 將元祖雞拉麵放入鍋中，加入熱高湯 600cc、青江菜、鮮香菇塊、油豆腐、鹽 A、砂糖 A、白胡椒粉 A，煮滾後熄火。

盛入容器裝飾

07 將拉麵及食材盛入紙容器中，在表面擺上雞腿排肉。

08 以蔥碎 B、芝麻牛蒡絲、溏心蛋、罐裝玉米粒裝飾，即完成製作。（註：溏心蛋製作方法參考 P.122。）

09 豚骨高湯另以紙容器盛裝，以免麵條吸乾湯汁，使麵條過於軟爛。

KNOW-HOW

成功訣竅 SUCCESS

- 元祖雞拉麵可採買日本品牌產品，或其他市售冷藏拉麵，加快製作速度。
- 雞腿肉排煎出來的色澤非常重要，可以在麵粉中，添加 20g 起司粉拌勻，讓雞腿肉排沾裹上粉料後，煎出來的色澤明顯呈現出耀眼金黃色，勾起食慾。

快速訣竅 FAST

肉類在醃漬與烹調時，因肉質緊實，所以烹調及醃漬時間稍長，若要加快速度，可以在醃漬過程中加入 15g 鳳梨一同拌勻、抓醃，鳳梨中所含的酵素能有效軟化肉質，但使用鳳梨醃肉時間以 5 ～ 10 分鐘為佳，時間太長，雞肉會過於軟爛，反倒影響口感。

增值訣竅 VALUE-ADDED

- 熬煮好的高湯在起鍋前，可先加入適量牛奶，變化出奶香白湯拉麵，價值提升。
- 配合季節變換，如秋天時，可以放入整隻秋蟹一同熬煮至熟，變化菜餚的香氣及口味，就可取名秋蟹雞腿拉麵，售價自可提高。
- 熬煮高湯時，可加入 600g 魚骨一同熬煮，添加風味。

RECIPE 11

經典白湯鮮蝦蛤蜊烏龍麵

建議附餐小菜 溏心蛋（P.122）、百香果青木瓜（P.138）沙拉、塔香杏鮑菇（P.152）

材料 INGREDIENTS

- 烏龍麵 …… 250g
- 白蝦 …… 3尾
- 蛤蜊 …… 75g
- 透抽（切絲） …… 75g
- 鮮蚵 …… 75g
- 洋蔥 A（切圈） …… 50g
- 青江菜 …… 2棵
- 小白菜（切段） …… 50g
- 沙拉油 …… 150cc

豚骨高湯

- 雞骨架 …… 600g
- 豬龍骨 …… 600g
- 雞腳 …… 600g
- 洋蔥 B（切圈） …… 300g
- 蒜頭（拍扁） …… 100g
- 蔥 A（切段） …… 50g
- 老薑（切片） …… 30g
- 乾香菇（切對半） …… 30g
- 白胡椒粒 …… 10g
- 水 …… 6000cc

調味料

- 米酒 …… 20cc
- 鹽 …… 5g
- 砂糖 …… 10g
- 白胡椒粉 …… 3g

裝飾

- 蔥（切碎） …… 適量
- 七味粉 …… 適量

步驟說明 STEP BY STEP

豚骨高湯製作

01 將雞骨架、豬龍骨放入熱水鍋內汆燙過水，以去血水，備用。

02 將雞骨架、豬龍骨、雞腳、洋蔥圈 B、蒜頭、蔥段 A、老薑片、乾香菇塊、白胡椒粒、水放入鍋煮滾後，轉小火。

03 慢熬到剩 3000cc，過濾出湯汁，取 600cc 備用，其他待涼後分裝成小袋，放入冷凍，日後需要時再用。

烹調

04 在鍋中倒入沙拉油後加熱。

05 放入洋蔥圈 A，爆香。

06 加入熱豚骨高湯，依序放入蛤蜊、透抽絲、白蝦、鮮蚵煮到七分熟。

07 加入烏龍麵、青江菜、小白菜段煮熟。

08 加入米酒、鹽、砂糖、白胡椒粉拌勻即完成調味。

盛入容器裝飾

09 把烏龍麵及食材盛入紙容器中，並將海鮮挑放到表面，視覺上顯得豐盛。

10 撒上蔥碎 B、七味粉裝飾；七味粉可另裝入小夾鏈袋，隨餐附送供顧客自行撒下，讓麵食看來更可口、香氣足。

11 豚骨高湯另以紙容器盛裝，以免麵條吸乾湯汁，使麵條過於軟爛。

KNOW-HOW

成功訣竅 SUCCESS

火候若控制不當，會造成蛤蜊、鮮蚵嚴重收縮，導致口感不佳，為預防海鮮過熟，可將蛤蜊、鮮蚵改在產品烹調完成時再放入，蓋上鍋蓋，續以小火悶至蛤蜊開殼，即馬上熄火、掀開鍋蓋。

快速訣竅 FAST

- 海鮮料可預先汆燙熟後，冰鎮備用，縮短烹調的時間，且冰鎮過後的海鮮料，口感更加 Q 彈鮮美，有助鎖住海鮮的鮮味。
- 高湯可事先熬煮起來，放涼備用，需要烹調時再取出加熱即可。

增值訣竅 VALUE-ADDED

可將食材做另類運用，如可將所有材料燙熟後，冰鎮後拌勻成海鮮涼麵備用，夏日時，享用著冰涼的涼麵，無比暢快；還可將 75cc 辣椒油、10cc 鮮奶、10cc 酸奶、6cc 椰漿、3g 胡椒粉、35cc 花生油、10cc 果糖、5g 洋蔥粉、5g 香蒜粉、5g 鹽調拌均勻成醬汁，另外盛入容器中，隨餐搭配著沾用品嘗，享受雙重調和的滋味。

RECIPE 12

蒜香豚骨拉麵

建議附餐小菜 百香果青木瓜（P.138）、芝麻牛蒡絲（P.132）、塔香杏鮑菇（P.152）

材料 INGREDIENTS

拉麵 200g
老薑 A（切片） 50g

叉燒肉

綁繩 1 長條
梅花肉 200 g
蔥 A（切碎） 60g
蒜頭 A（切碎） 40g
醬油 50cc
味醂 25cc
米酒 30cc
冰糖 20g
水 600cc

豚骨高湯

雞骨架 600g
豬龍骨 600g
雞腳 600g
洋蔥（切圈） 300g
蒜頭 B（拍扁） 100g
蔥 B（切段） 50g
老薑 B（切片） 30g
乾香菇（切對半） 30g
白胡椒粒 10g
水 6000cc

調味料

鹽 5g
砂糖 20g
白胡椒粉 3g
蒜香粉 15g

裝飾

罐裝熟玉米粒 50g
蔥 C（切蔥花） 30g
蒜頭 C（切碎） 10g
七味粉 10g
溏心蛋（P.122） 半顆
海苔（切細條） 1 片

步驟說明 STEP BY STEP

前置處理

01 拉麵放入熱水鍋中汆燙，備用。

02 雞骨架、豬龍骨放入熱水中汆燙過水，以去血水，備用。

叉燒肉製作

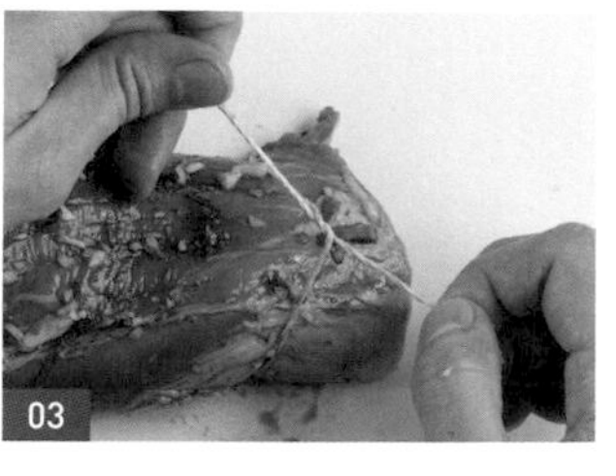
03

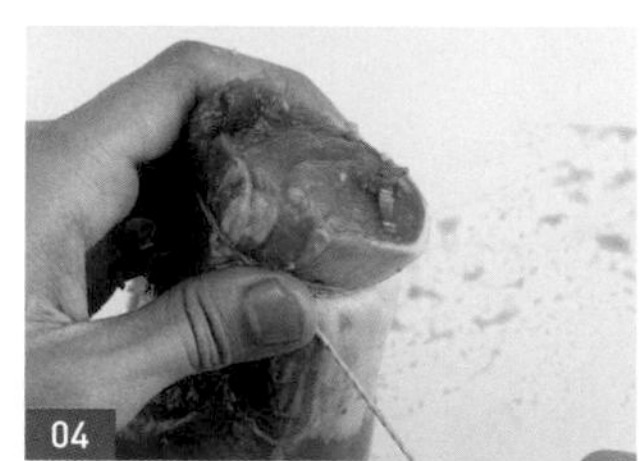
04

03 將長條梅花肉塊放在工作檯上，肉面朝內，豬皮朝外，一手按壓住肉，另一手持綁繩先從一端繞 1 圈。

04 穿繩而過，以打結固定。

05　重複步驟 3-4，依序將肉往下繞圈、穿繩而過。

06　將梅花肉翻面，並重複步驟 3-4，持續穿繩、固定。

07　最後綁緊、打結，備用。（註：五花肉綁法可參考動態影片 QRcode。）

08　將綁好的梅花肉放入鍋，均勻的乾煎，讓表面上色。

09　放入老薑片 A，稍微拌炒，炒出香氣。

10　加入蔥碎 A、蒜碎 A、醬油、味醂、米酒、冰糖、水煮至滾，蓋上鍋蓋，轉小火燉煮梅花肉 2 小時後，取出放涼，切片。

11　取 2 片備用，其他的可分裝，放入冷藏或冷凍，以便日後需要時再取出。

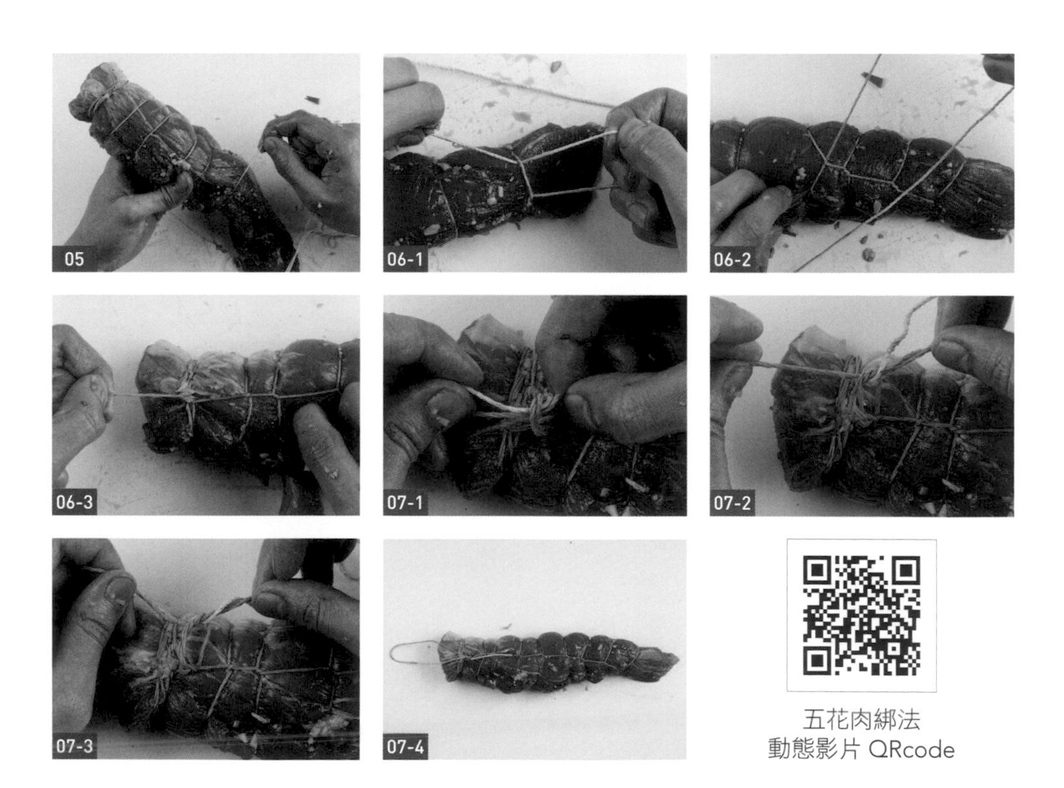

五花肉綁法
動態影片 QRcode

烹調豚骨高湯

12 將雞骨架、豬龍骨、雞腳、洋蔥圈、蒜頭 B、蔥段 B、老薑片 B、乾香菇塊、白胡椒粒、水放入鍋煮滾後，轉小火。

13 慢熬到剩 3000cc，過濾出湯汁，取 600cc，以鹽、砂糖、白胡椒粉、蒜香粉調味；其他高湯待涼後可分裝小袋，放入冷凍，日後需要時再用。

盛入容器裝飾

14 在紙容器中放入拉麵、玉米粒、叉燒肉、溏心蛋，海苔細條可另裝入小夾鏈袋內，隨餐附送，以免被高湯熱氣烘軟，失去爽脆口感。

15 撒上蔥花 C、蒜碎 C、七味粉裝飾，七味粉也可連同海苔細絲一起放入小夾鏈袋內，確保香氣足、色澤更漂亮。

16 豚骨高湯另以紙容器盛裝，以免麵條吸乾湯汁，使麵條過於軟爛。

KNOW-HOW

成功訣竅 SUCCESS

自行使用梅花肉塊製作叉燒肉片，比較緊實不鬆散，切出來的叉燒片剖面也較均勻平整、漂亮好看；叉燒肉也可泡著醬汁，用烤箱烤 180°C 烤至熟，如同蒸烤般的烹調法，成功的機率非常高；叉燒肉塊及醬汁也可先冰鎮，要用時再取出，回溫後分別切片、盛入小碟容器，食用口感更佳。

快速訣竅 FAST

- 可將蒜末炸酥後保存備用，在高湯的調製過程中，就將蒜酥放入調配，蒜頭炸過後，香氣、風味都鎖在裡頭，一遇到熱高湯後，味道即會快速釋放出來，口感又香又濃郁，這樣就可以節省蒜頭熬煮的時間。
- 可採購市售的現成叉燒肉片，加快製程。

增值訣竅 VALUE-ADDED

在叉燒的運用上，可選用頂級和牛，抹上海鹽及胡椒粉後，使用噴槍將表面烤至脆皮焦香，再切成薄片即可，牛肉用燒烤的方式呈現，更將傳統的平凡菜餚，大幅增值提升，就可取名為頂級和民蒜香豚骨拉麵，價格不同凡響。

RECIPE 13

海南雞飯

建議附餐小菜　黃瓜粉皮（P.166）、毛豆雪菜百頁（P.158）、薑絲海帶（P.130）

材料 INGREDIENTS

去骨雞腿肉 300g
紅蔥頭 A（切末） 10g
蒜頭 A（切末） 10g
生薑 A（切末） 10g
沙拉油 150cc

海南雞肉高湯熬料

南薑片 10g
香蘭葉 10g
檸檬葉 5g
白胡椒粉 A 5g
鹽 A 10g
水 A 500cc

風味飯

白米 150g
紅蔥頭 B（切末） 20g
鹽 B 5g
白胡椒粉 B 3g
蒜頭 B（切末） 20g
生薑 B（切末） 20g
水 B 135cc

醃料

蔥（切碎） 50g
生薑 C 50g
米酒 30cc
鹽 C 10g
水 C 100cc
白胡椒粉 C 3g

薑蔥醬

蔥（切碎） 50g
生薑 D（切末） 20g
香油 100cc
鹽 D 5g

裝飾

嫩薑片 適量
紅捲鬚生菜 適量
甘梅地瓜薯條（P.174） 適量

步驟說明 STEP BY STEP

醃漬雞腿肉

01 將蔥碎、生薑 C、米酒、鹽 C、水 C、白胡椒粉 C 放入保鮮盒。

02 將去骨雞腿肉泡入，蓋起來放入冷藏，醃漬 1 小時以上入味，備用。

烹調雞腿肉

03 在鍋中倒入沙拉油後加熱。

04 放入紅蔥頭末 A、蒜末 A、生薑末 A 爆香後，先撈出 20cc 蔥蒜薑油另行備用。

05 在爆香的油鍋內，加入醃好的去骨雞腿肉、南薑片、香蘭葉、檸檬葉、白胡椒粉 A、鹽 A、水 A。

06 煮滾後，轉小火，再蓋上鍋蓋煮 10 分鐘，熄火，悶 10 分鐘至雞腿肉熟，即完成海南雞肉高湯。

07 取出雞腿肉切片。

08 撈出 135cc 海南雞肉高湯另行備用。

烹調風味飯

09 將紅蔥頭末 B、蒜末 B 另外放入平底鍋，取備用的蔥蒜薑油炸至金黃上色後，瀝乾油分，備用。

10 將白米放入電鍋內鍋，加入生薑末 B、鹽 B、白胡椒粉 B、炸好的蒜末 B 與紅蔥頭末 B，再加入 135cc 備用的海南雞肉高湯，外鍋放水 B，煮熟後，即完成風味飯。（註：採白米：雞高湯為 1：0.9 的比例。）

烹調薑蔥醬

11 加熱香油。

12 加入蔥碎、生薑末 D、鹽 D 調合成薑蔥醬，淋入雞腿肉片或搭配風味飯食用。

盛入容器裝飾

13 把風味飯盛入紙容器中。

14 把雞腿肉片盛入另一個容器中，並淋上薑蔥醬，再以嫩薑片、紅捲鬚生菜、甘梅地瓜薯條裝飾。（註：可用綠捲鬚生菜裝飾，甘梅地瓜薯條製作方法參考 P.174。）

KNOW-HOW

成功訣竅 SUCCESS

- 因為雞皮富含較多的膠質，所以雞肉在煨煮的時候，切記雞皮要朝上，已避免煨煮過程中，雞皮沾黏鍋底，這是增加成功的小巧思。
- 可利用 300g 雞油、150g 青蔥、150g 紅蔥頭片、1000cc 花生油，提煉成雞油後，可選擇拌入煮好的白米飯中，或是將雞油放入雞高湯中，與煮好的雞肉一同浸泡，以提升風味及香氣。

快速訣竅 FAST

- 火候大小的控制，可能造成雞肉在煨煮過程中，湯汁太快收乾，又或是收汁收得不夠入味，因此可選用壓力鍋，上壓 2 條線後，即可關火，等待洩壓，此方法不僅省時，更不用擔心雞肉的成敗。
- 本道熬好未用到的海南雞肉高湯，可放涼後，裝入真空袋，放入冷凍保存，以後再做海南雞飯或其他簡餐附湯的時候，就可派上用場，達到提鮮功效不浪費。

增值訣竅 VALUE-ADDED

可將 10cc 檸檬汁、150g 燒雞醬、50cc 開水、30cc 醬油膏、20cc 香油、25g 糖、5g 蒜末用果汁機打均勻成醬汁後，淋在煨煮好的雞腿肉上，搭配著小黃瓜及番茄片食用，可品嘗著酸甜燒雞醬佐海南雞飯的美味，尤其待醬汁冰涼後，搭配食用的口感會更清爽，異國風味也更加濃厚。

RECIPE 14

韓式泡菜牛肉飯

建議附餐小菜　百香果青木瓜（P.138）、黃瓜粉皮（P.166）、番茄炒蛋（P.162）

KNOW-HOW

成功訣竅 SUCCESS

烹調時，為避免牛肉炒過頭，導致口感乾硬不好吃，可先取醃料中的太白粉加 10cc 水調勻後，再進入醃漬程序，這樣在醃漬牛肉時，就可減緩火候蒸發水分的速度，達到鎖住肉汁美味的功效。

快速訣竅 FAST

為確保牛肉在炒的過程受熱不均，可以將牛肉用熱油汆燙的過油方式，烹調至熟，再將所有炒好的材料鋪底，再放上牛肉片，即可馬上享用，也避免了牛肉在鍋中反覆翻炒、受熱不均的情況發生，更可節省了時間。

增值訣竅 VALUE-ADDED

- 在肉的挑選上，可選用油質較豐富的雪花牛來烹調，油質較多，烹調出來的香氣更加提升。
- 牛肉以外，還可加入海鮮一起烹煮，呈現韓風海陸特餐的高級感，例如澎湖小卷、花枝，又如雞肉也很適合，不僅口味結合堪稱絕配，也藉此製作出不同風味的產品，提供顧客選擇及實用上最大的滿足。

材料 INGREDIENTS

材料	份量
火鍋牛肉片	150g
韓式泡菜	100g
鮮香菇（切片）	30g
洋蔥（切絲）	30g
蒜頭（切片）	10g
紅蘿蔔（切絲）	20g
毛豆仁	10g
沙拉油	150cc

調味料

材料	份量
香油 A	20cc
醬油	30cc
砂糖 A	10g
七味粉 A	5g
水	100cc
味醂	15cc
米酒 A	30cc
韓式辣椒醬	15g

醃料

材料	份量
鹽	10g
砂糖 B	20g
米酒 B	30cc
香油 B	20cc
白胡椒粉	5g
太白粉	30g

裝飾

材料	份量
白飯	150g
溏心蛋（P.122）	半顆
金黃色脆薯（P.172）	30g
綠捲鬚生菜	5g
紅捲鬚生菜	5g
小黃瓜片	10g
七味粉 B	2g

步驟說明 STEP BY STEP

醃漬牛肉片

01 火鍋牛肉片中加入鹽、砂糖 B、米酒 B、香油 B、白胡椒粉、太白粉，醃漬 20 分鐘入味，備用。

烹調韓式泡菜牛肉

02 在鍋中倒入沙拉油後加熱。

03 炒香蒜片、洋蔥絲。

04 加入醃好的牛肉片拌炒。

05 依序放入香菇片、韓式泡菜、毛豆仁、紅蘿蔔絲稍微拌炒。

06 加入香油 A、醬油、砂糖 A、七味粉 A、水、味醂、米酒 A、韓式辣椒醬調味，煮至熟，即完成韓式泡菜牛肉。

盛入容器裝飾

07 白米放入電鍋煮成白飯，盛入紙容器中。

08 將韓式泡菜牛肉另以紙容器盛裝，可保持白飯的乾爽感，另可將牛肉、韓式泡菜、鮮香菇等食材挑出，可使視覺看起來豐盛。

09 以溏心蛋、金黃色脆薯、紅捲鬚生菜、綠捲鬚生菜、小黃瓜片、七味粉裝飾。（註：溏心蛋製作方法參考 P.122；金黃色脆薯製作方法參考 P.172。）

RECIPE 15

韓式泡菜拉麵

建議附餐小菜 酥炸起司條（P.180）、甘草豆乾（P.154）、黃瓜粉皮（P.166）

材料 INGREDIENTS

拉麵麵條 200g
鮮香菇（切片） 10g
紅蘿蔔（切絲） 20g
全蛋 1 顆
梅花肉（切片） 120g
洋蔥 A（切絲） 50g
洋菇 20g
青江菜（撕出小葉） 3g
蛤蜊 30g
小黃瓜（切絲） 10g
韓式泡菜 80g
沙拉油 50cc

豚骨高湯

雞骨架 600g
豬龍骨 600g
雞腳 600g
洋蔥 B（切片） 300g
蒜頭（拍扁） 100g
蔥（切段） 50g
老薑（切片） 30g
乾香菇（切對半） 30g
白胡椒粒 10g
水 6000cc

醬汁

韓式辣醬 35g
砂糖 A 20g
醬油 30cc
雞高湯 600cc
鹽 A 5g

醃料

鹽 B 5g
砂糖 B 20g
白胡椒粉 5g
米酒 30cc
香油 10cc

裝飾

蔥（切蔥花） 5g
七味粉 5g

步驟說明 STEP BY STEP

前置處理

01 梅花肉片加入鹽 B、砂糖 B、白胡椒粉、米酒、香油醃漬 20 分鐘，備用

02 拉麵麵條放入熱水鍋內汆燙熟，備用。

豚骨高湯製作

03 雞骨架、豬龍骨汆燙過水，以去血水，備用。

04 將雞骨架、豬龍骨、雞腳、洋蔥片 B、蒜頭、蔥段、老薑片、乾香菇塊、白胡椒粒、水放入鍋中煮滾後轉小火。

05 慢熬到剩 3000cc 後，過濾出湯汁，取 600cc 備用，其他待涼後分裝成小袋，放入冷凍，日後需要時再用。

烹調

06 在鍋中倒入沙拉油後加熱。

07 放入洋蔥絲 A 炒香。

08 依序放入醃好的梅花肉片、韓式泡菜、洋菇、鮮香菇片、紅蘿蔔絲、蛤蜊，加入煮好的豚骨高湯，一起煮約 3 分鐘。

09 再加入青江菜葉、小黃瓜絲、全蛋。

10 加入韓式辣醬、砂糖 A、醬油、雞高湯、鹽 A 調味，煮 2 分鐘，即完成泡菜拉麵。

盛入容器裝飾

11 將煮好的泡菜拉麵盛入紙容器。

12 撒上蔥花、七味粉裝飾，即完成製作。

13 豚骨高湯另以紙容器盛裝，以免麵條吸乾湯汁，使麵條過於軟爛。

14 外送時，也可將七味粉裝入 1 小包夾鏈袋附上，享用時再撒，感覺比較鮮美。

KNOW-HOW

成功訣竅 SUCCESS

為避免熬煮出的豚骨高湯色澤不夠濃郁，可以將高湯中的雞骨架、豬龍骨、雞腳、蔥段、老薑片先放入油鍋內炸過後，再與其他材料一起熬煮，煮出的湯頭，香氣會更濃郁，色澤更濃厚。

快速訣竅 FAST

- 高湯熬煮所需要的時間長且費時，若使用量大，可以將高湯事先熬煮起來，分裝小袋，放入冷凍備用，等需要烹調時，即可退冰後再煮滾，節省了高湯現熬所須的時間。
- 醬汁可先調製起來備用，等需要烹調時，再將醬汁倒入煮匀即可。
- 另外，也可採買市售的豚骨高湯，再添加其中所欠缺的材料，如：乾香菇片、老薑片，添加香氣，即可速成。

增值訣竅 VALUE-ADDED

- 洋菇面上可稍加刻花，塑造像大飯店料理的高級感。
- 可以將平價的梅花肉換成高檔的牛五花肉，大幅增值，不只油花濃厚，與泡菜拉麵結合品嘗更香醇，麵條上也包覆著被烹煮逼出的油質，料好、湯頭美味。
- 在盛裝成品時，可在上方鋪上 1 片起司片，利用餘溫將起司融化，讓這道菜餚更具風味，這樣就可取名為韓式泡菜起司拉麵，從一般同名拉麵中脫穎而出。

RECIPE 16

泰式海鮮炒麵

建議附餐小菜 咖哩可樂餅（P.176）、甘梅地瓜薯條（P.174）、毛豆雪菜百頁（P.158）

材料 INGREDIENTS

- 油麵 150g
- 綠花椰菜（切小朵） 30g
- 雞胸肉（切片） 75g
- 紅蘿蔔（切片） 10g
- 九層塔 10g
- 白蝦 4 尾
- 紅蔥頭（切片） 50g
- 蒜頭（切片） 50g
- 香菜（切碎） 20g
- 透抽（切圈） 75g
- 蛤蜊 50g
- 辣椒（切片） 20g
- 沙拉油 100cc

調味料

- 魚露 20cc
- 砂糖 A 10g
- 白醋 20cc
- 水 150cc
- 蠔油 50cc
- 是拉差香甜辣椒醬 80g
- 泰式雞醬 30g

醃料

- 鹽 10g
- 砂糖 B 20g
- 白胡椒粉 5g
- 米酒 30cc
- 太白粉 20g

裝飾

- 巴西里 1 小支

步驟說明 STEP BY STEP

前置處理

01 雞胸肉片、白蝦、透抽洗淨備用。

02 綠花椰菜、白蝦、透抽圈、油麵，分別放入熱水鍋汆燙過後，取出備用。

醃漬食材

03 將鹽、砂糖 B、白胡椒粉、米酒、太白粉放入容器中攪拌均勻，即完成醃料，備用。

04 將雞胸肉片放入醃料中醃漬 10 分鐘，備用。

烹調

05 在鍋中倒入沙拉油後加熱。

06 放入蒜片、紅蔥頭片、辣椒片爆香後，加入雞胸肉片煎香。

07 依序加入白蝦、透抽圈、蛤蜊、油麵、綠花椰菜、紅蘿蔔片拌炒。

08 加入香菜碎、九層塔、魚露、砂糖 A、白醋、水、蠔油、是拉差香甜辣椒醬、泰式雞醬拌炒均勻，即完成海鮮炒麵。

盛入容器裝飾

09 將海鮮炒麵盛入紙容器。

10 以巴西里裝飾，即完成製作。

KNOW-HOW

成功訣竅 SUCCESS

- 是拉差（Sriarcha，泰國春武里府的一個小城）香甜辣椒醬採用特種大紅指天椒與香蒜形成配方，味道香甜爽辣，是適用於南洋料理的常用沾醬。
- 可用 3000cc 水、3 朵乾香菇、1 顆洋蔥（切塊）、300g 紅蘿蔔（切塊）、100g 香茅、10g 檸檬葉、50g 南薑、1000g 雞骨架、50g 芹菜、200g 高麗菜梗、300g 蝦殼或魚骨一同放入鍋中，煮滾後轉小火，慢熬到剩 1500cc 份量即可，運用這道南洋風味雞高湯取代水，煮熟後，料理就能提升整道菜餚的風味，百吃不膩。

快速訣竅 FAST

- 醬汁可事先熬煮起來，多煮的可另外放冷藏，要使用時就能加快拌炒速度。
- 為提升製作效率，可事先將雞肉醃漬後炸熟，放涼備用，等到要烹調時，直接倒入拌炒即可。
- 另外，海鮮材料可事先把每種食材的所須分量撿出，裝成一袋，放入冰箱保存，待須烹調時，依份數取量即可，能減少食材備置時間，又能精簡人力，烹煮起來不慌不忙。

增值訣竅 VALUE-ADDED

南洋料理都強調含有天然的香酸度，可用新鮮檸檬汁代替白醋，富含維生素 C 更增值，也可以將 50g 韓國春醬、90cc 沙拉油、200cc 開水、15cc 蠔油、10cc 醬油煮開後，用玉米粉水勾芡，再與所有食材拌炒，製成另類的韓式炸醬炒麵，口感口味又換了新面 ，一樣的手法，不同的變化運用，更豐富了異國料理的色香味享受。

RECIPE 17

新加坡肉骨茶麵

建議附餐小菜 甘草豆乾（P.154）、金沙炒苦瓜（P.164）、螞蟻上樹（P.168）

材料 INGREDIENTS

豬肋排（切塊） 150g
乾香菇（十字切開成 4 瓣） 20g
帶皮蒜頭 30g
肉骨茶包 1 包
凍豆腐（切塊） 50g
豆皮（十字切開成 4 塊） 75g
麵條 150g
黃玉米（切塊） 100g
紅棗 5g
枸杞 5g
油條（切塊） 50g

調味料

醬油 40cc
鹽 A 5g
砂糖 A 10g
米酒 A 15cc
水 600cc
蠔油 30cc

醃料

鹽 B 10g
砂糖 B 20g
米酒 B 30cc
白胡椒粉 5g

裝飾

香菜 適量

步驟說明 STEP BY STEP

前置處理

01 將麵條放入滾水鍋內煮熟，備用。

醃漬豬肋排

02 豬肋排加入鹽 B、砂糖 B、米酒 B、白胡椒粉醃漬 30 分鐘入味，備用。

03 將醃好的豬肋排塊先放入滾水鍋汆燙過水，以去血水。

烹調

04 將豬肋排塊、肉骨茶包、帶皮蒜頭、乾香菇塊、黃玉米塊、紅棗放入電鍋中，外鍋放 1 杯水，蒸至開關跳起，取出。

05 倒入煮鍋中，加入凍豆腐塊、豆皮塊、油條塊、枸杞煮約 3 分鐘。

06 加入醬油、鹽 A、砂糖 A、米酒 A、水、蠔油拌勻即完成調味。

盛入容器裝飾

07 將熟麵條盛入紙容器，再倒入煮好的食材。

08 以香菜裝飾，即完成製作。

09 肉骨茶湯另以紙容器盛裝，以免麵條吸乾湯汁，使麵條過於軟爛。

KNOW-HOW

成功訣竅 SUCCESS

肉骨茶湯顏色與熬煮時間，以及火候控制有密切關係，在熬煮時，若覺得顏色或風味不夠濃厚，可以加入 20g 熟地一同熬煮，就能使肉骨茶呈現完美且成功的濃郁色澤，更能獲得中醫所説的滋陰補血養生益處。

快速訣竅 FAST

要熬出好吃的湯頭，必須耗費多時，可採買現成的肉骨茶包更省時省事，也可將肉骨茶湯及湯料事先熬煮起來，待涼後分裝小包，放入冷凍備用，待要出餐或搭配麵條食用時，只須取出 1 份煮開後，再放入麵條煮熟即可。

增值訣竅 VALUE-ADDED

在麵條的變化上，可以選用自製麵條，做法是將 1200g 中筋麵粉過篩後，加入 38g 鹽、600cc 水，拌勻，揉成麵團，靜置 20 ～ 25 分鐘發酵，接著再用壓麵機擀成薄麵皮，然後切割成條形，放入滾水鍋中煮熟即可食用，自製麵條的粗細、長度、厚薄，都可依個人喜好調整，在販售這道產品時就可標榜手工麵條，提升價值感。

RECIPE 18

綠咖哩椰奶燉蔬菜

建議附餐小菜 百香果青木瓜（P.138）、塔香杏鮑菇（P.152）、金沙炒苦瓜（P.164）

材料 INGREDIENTS

雞胸肉（切塊）	100g
四季豆（切段）	50g
綠花椰菜（切小朵）	75g
白花椰菜（切小朵）	75g
九層塔	5g
辣椒（切段）	10g
紅甜椒（切片）	30g
玉米筍（切段）	40g
紅蘿蔔（切塊）	60g
豆包（切塊）	15g
黃玉米（切塊）	75g
綠咖哩醬	100g
椰奶	75cc
水	600cc
黃甜椒、紅甜椒（切絲）	15g
沙拉油	150cc

調味料

魚露	15cc
砂糖 A	10g

醃料

米酒	30cc
鹽	15g
砂糖 B	20g
白胡椒粉	3g
太白粉	15g

裝飾

白飯	150g
巴西里	適量

步驟說明 STEP BY STEP

醃漬雞胸肉

01 雞胸肉塊加入米酒、鹽、砂糖 B、白胡椒粉、太白粉，醃漬 10 分鐘入味，備用。

烹調

02 在鍋中倒入沙拉油後加熱，放入醃雞胸肉塊煎至金黃上色，取出，備用。

03 綠咖哩醬放入乾鍋，以小火慢慢炒香後，加水。

04 依序加入紅蘿蔔塊、玉米筍段、豆包塊、紅甜椒片、黃玉米塊、辣椒段、黃甜椒絲及紅甜椒絲，煮至濃稠。

05 加入醃雞胸肉塊、魚露、砂糖 A 煮熟。

06 加入四季豆段、小朵綠花椰菜、小朵白花椰菜、椰奶、九層塔，悶煮約 3 分鐘即可。

盛入容器裝飾

07 取 1 碗用電鍋煮的白飯，並盛入紙容器中，再把悶煮好的雞胸肉塊等食材連同醬料倒入，但注意不要倒在白飯上面，以保持清爽樣貌及米飯粒粒分明的口感。

08 取出紅、黃甜椒絲，當做表面裝飾材料，把食材挑到表面，視覺看起來比較豐盛。

09 以巴西里裝飾，即完成製作。

KNOW-HOW

成功訣竅 SUCCESS

咖哩的色澤很重要，若要油亮，可將綠咖哩醬炒過，不僅增加色澤，也可提升香氣跟風味，但切記咖哩不耐高溫，要用中小火，在鍋中慢慢翻炒，才不會失敗。

快速訣竅 FAST

綠花椰菜、白花椰菜、紅蘿蔔這 3 種蔬菜，煮熟入味的時間較長，所以若要推進烹製速度，可預先將這 3 種蔬菜汆燙熟後冰鎮，再放入冷凍，待要烹調前取出退冰，再放入鍋一起烹調，被汆燙、冷凍過而纖維化的蔬菜，可加快速度軟爛入味，並可吸附濃厚的咖哩醬味道，讓菜餚更美味。

增值訣竅 VALUE-ADDED

- 可將烹調好的成品，用玻璃或陶瓷類容器盛裝，從上方撒下帕瑪森起司碎（Parmesan）及莫札雷拉起司絲（Mozzarella），放入明火烤箱焗烤，就能運用 2 種不同的起司風味，將泰式異國料理融入歐式跨國界國風味，並提升售價。
- 若要豐富整道菜餚的南洋風味，還可再加入 5g 香茅、5g 南薑、3g 檸檬葉，放入醬汁中，一起熬煮，辛香香料使醬汁香濃迷人，加料也加值。

RECIPE 19

涼拌烤肉米線

建議附餐小菜　咖哩花椰菜（P.160）、水果優格沙拉（P.144）

材料 INGREDIENTS

材料	份量
乾米線	50g
火鍋豬五花肉片	150g
鹽	3g
胡椒粉	3g
米酒 A	5cc
醬油 A	5cc
沙拉油	100cc

醬汁

材料	份量
越南魚露	15cc
米酒 B	10cc
砂糖	10g
水	30cc
檸檬汁	5cc
醬油 B	10cc
辣椒（切末）	5g
香菜（切碎）	5g
蒜仁（切末）	5g

裝飾

材料	份量
紅蘿蔔（切絲）	20g
小黃瓜（切絲）	20g
炒熟花生碎	10g
辣椒（切片）	1g
香菜	適量
九層塔	5g
白芝麻	3g
紫洋蔥（切絲）	20g

步驟說明 STEP BY STEP

前置處理

01 乾米線泡食用水 10 分鐘，泡至軟，備用。

02 將濕米線放入滾水中汆燙 5～7 分鐘後，取出，放入冰塊水盆裡冰鎮，備用。（註：須用食用水製作冰塊水。）

03 紅蘿蔔絲、小黃瓜絲放入滾水中汆燙 10 秒後，取出，冰鎮，備用。

醬汁製作

04 將越南魚露、米酒 B、砂糖、水、檸檬汁、醬油 B 拌勻。

05 加入辣椒末、香菜碎、蒜仁末拌勻，即完成醬汁，備用。

烹調

06 在鍋中倒入沙拉油後加熱。

07 將豬五花肉片放入鍋中，加入鹽、胡椒粉、醬油 A、米酒 A 嗆香，以接近乾鍋的方式烘烤至熟，即完成烤肉片。

盛入容器裝飾

08 米線可用筷子捲起，或直接盛入紙容器內，以九層塔、辣椒片裝飾。

09 搭配紫洋蔥絲及冰鎮過的紅蘿蔔絲、小黃瓜絲。

10 放上烤肉片，並以香菜裝飾。

11 搭配炒熟花生碎及白芝麻，以提升風味，即完成製作。

12 醬汁另裝入小容器，隨餐附上以供搭配食用。

KNOW-HOW

成功訣竅 SUCCESS

米線的口感不宜過軟或過硬，務必掌握汆燙的時間，並且注意冰鎮的時間要夠，冰塊要多，水少一點，或沒有水也沒關係，才能讓米線 Q 彈爽口。

快速訣竅 FAST

- 米線可以事先使用清水泡軟後，再泡著水，放入冷藏備用，待要烹調時，即可馬上取出，用滾水汆燙後立即冰鎮，節省了泡水軟化的時間。
- 醬汁可預先調製好放涼，或放入冷藏備用。

增值訣竅 VALUE-ADDED

可將豬肉替換成滷過的牛腱切片或牛肚切片，滷過的肉品風味濃厚，與涼拌的米線搭配著食用，可以提升整體的享用層次及口味；如想多搭小菜、沙拉形成超值組合套餐，可選擇清爽的咖哩花椰菜、水果優格沙拉。（註：咖哩花椰菜製作方法參考 P.160，水果優格沙拉製作方法參考 P.144。）

RECIPE 20

香料辣牛堡

建議附餐小菜　金黃色脆薯（P.172）、水果優格沙拉（P.144）、馬鈴薯沙拉（P.142）、凱撒雞肉沙拉（P.146）、墨西哥雞肉脆皮沙拉（P.148）、墨西哥酸辣雞翅（P.170）

材料 INGREDIENTS

材料	份量
牛絞肉	100g
醃酸黃瓜（切片）	20g
洋蔥（切絲）	50g
美生菜（切絲）	10g
大黃瓜（切片）	20g
青椒（切片）	15g
番茄（切片）	10g
起司片	2 片
起司絲	50g
沙拉油	150cc
沙拉醬	50g
黃芥末醬	50g

漢堡麵包體

材料	份量
高筋麵粉	297g
低筋麵粉	33g
砂糖 A	40g
鹽 A	4g
酵母	6g
水	100cc
鮮奶	50cc
全蛋	66g
白芝麻	適量
奶油	33g

調味料

材料	份量
鹽 B	10g
砂糖 B	20g
白胡椒粉	5g
米酒	30cc
七味粉（唐辛子）	30g

裝飾

材料	份量
金桔（切半）	1 顆
紅捲鬚生菜	10g
綠捲鬚生菜	10g
金黃色脆薯（P.172）	40g

步驟說明 STEP BY STEP

漢堡麵包製作

01 將高筋麵粉、低筋麵粉、砂糖 A、鹽 A、酵母、水、鮮奶、全蛋放入攪拌盆，其中的水要分 3～4 次倒入，攪拌勻後才能再倒下次的水量。

02 用手揉到麵團不黏手的程度後，加入奶油，再搓揉約 10 分鐘至麵團表面光滑的程度。

03 靜置，進行基本發酵 60 分鐘。

04 分割麵團，每個麵團 100g。

05 用手滾圓。

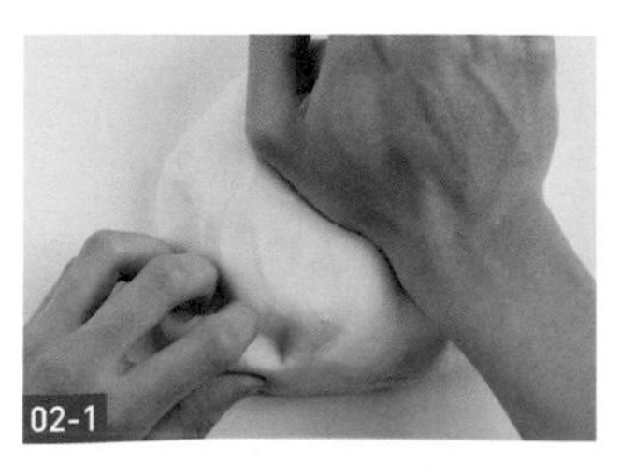
02-1

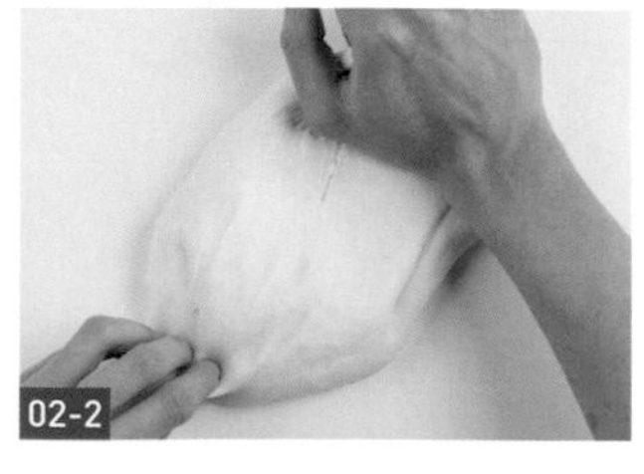
02-2

06 靜置，進行中間發酵 15 分鐘。

07 整型，擀麵團。

08 拉長再揉成餐包形狀。

09 最後發酵 20 分鐘，放進上火 180°C 、下火 200°C 的烤箱內，烤 18 分鐘。

10 從烤箱中取出，撒上白芝麻，再烤 2 分鐘，即完成漢堡麵包。

食材處理

11 洋蔥絲、美生菜絲、青椒片、大黃瓜片泡入冰塊水中，保持鮮脆，備用。（註：須用食用水製作冰塊水。）

肉片製作

12 在鍋中倒入沙拉油後加熱。

13 放入牛絞肉、鹽 B、砂糖 B、白胡椒粉、米酒、七味粉拌炒至熟，七味粉受熱之後，香料味道更濃。

14 將炒料壓扁成漢堡肉片，備用。

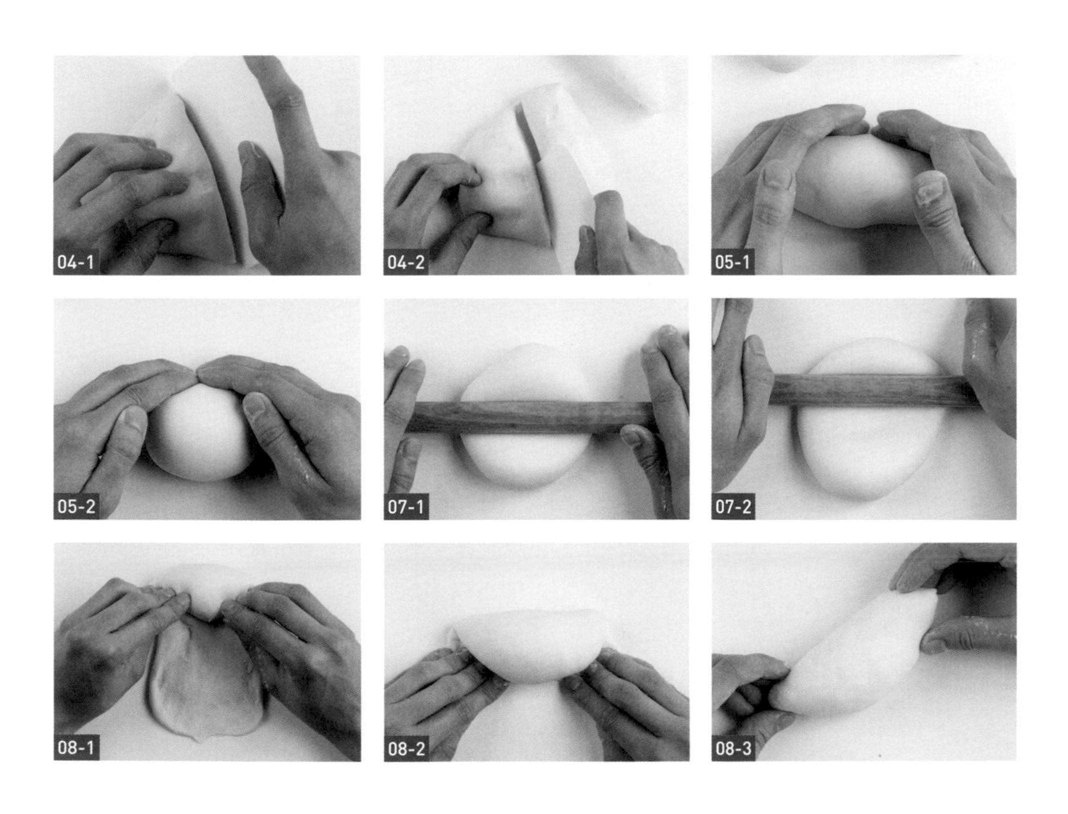

漢堡製作

15 用刀將漢堡麵包橫向劃開開口，但不切斷。

16 在麵包開口內鋪上洋蔥絲、擠沙拉醬和黃芥末醬，再放入番茄片、漢堡肉片、大黃瓜片、醃酸黃瓜片、美生菜絲、青椒片，最後鋪上起司片、起司絲。

17 放入預熱至 180°C 的烤箱，烤約 1 分鐘，即完成辣牛堡。

盛入容器裝飾

18 將辣牛堡裝入漢堡專用防油紙袋。

19 以紅捲鬚生菜、綠捲鬚生菜、金黃色脆薯、金桔塊裝飾。（註：金黃色脆薯製作方法參考 P.172。）

KNOW-HOW

成功訣竅 SUCCESS

- 洋蔥一定要泡冰水，去除辛辣味，以免影響了整體食材搭配的風味，美生菜、青椒、大黃瓜一定要泡冰水 30 ～ 40 分鐘後，瀝乾，增加蔬菜的爽脆口感，這樣做出來的漢堡才會清爽香甜，有水分的感覺，不致過乾。
- 七味粉主要材料包括紅辣椒、陳皮、芝麻、生薑、海苔、山椒、紫蘇、火麻仁，有的人還加入微量芥子（罌粟種籽），七味粉的用量也可增加到 40g，使香氣更濃郁。

快速訣竅 FAST

若要省下手揉麵團的時間，可使用麵包機較快；麵包體可預先烤起來，放入冷凍備用，待要製作時，將麵包取出回溫，再噴上少許水，放入預熱至 150°C 的烤箱，烤 3 ～ 5 分鐘至酥脆，即可使用，且將麵包體先做好，可以在烹調組裝時，節省製作麵團時揉、拌、發酵、分切，烘烤等繁瑣的工序，省工又省時；也可採買市售現成的漢堡麵包使用。

增值訣竅 VALUE-ADDED

- 在麵團打製的過程中，可以增添竹碳粉、紫米粉或紅麴醬等材料，使製作完成的麵包體呈現美麗的色澤，兼有養生益處，又或是強調使用前 3、4 天養好的老麵團製作麵包，就能標榜手工老麵團發酵更健康美味，老麵團放冷藏約可放 3 ～ 5 天，當天用不完，就將老麵分割成各約 50g 的小塊，可用烘焙專用的小磅秤秤重，放冷凍即可保存較久時間，要用的前一天，再從冷凍庫拿到冷藏室退冰，退軟後即可進入製作麵包程序，提前做好麵團，省時又增值。
- 在醬汁中，可加入番茄醬或泰式雞醬，搭配起來就轉化為擁有不同異國風味的口味；點餐時，可提供加起司片、加火腿片、加培根片、升級換醬料、升級大份薯條等選項，除可增加顧客選擇外，也可增加營收。

SIDE DISHES, APPETIZERS & SALAD

配菜、小菜、沙拉

CHAPTER 03

RECIPE 01

溏心蛋

材料 INGREDIENTS

鴨蛋……6粒
鹽……10g

醬汁

冰糖……75g
味醂……100cc
醬油……95cc
柴魚醬油……95cc
水……95cc
米酒……30cc
老抽（醬色）……25cc

裝飾

美生菜……適量
辣椒（切圈）……適量

步驟說明 STEP BY STEP

溏心蛋製作

01 鴨蛋洗淨，放入小湯鍋中，加入水，高度約淹蓋過鴨蛋，加入少許鹽拌勻後，煮滾。（註：鴨蛋泡過鹽水會較好剝殼。）

02 稍用木勺翻動。

03 接著改用小火，計時 7 ～ 8 分鐘。

04 取出鴨蛋，泡到冰水中急速冷卻，取出，去殼備用。

05 依序在鍋中放入醬油、味醂、冰糖、水、柴魚醬油、老抽及米酒，攪拌均勻。

06 一煮開即熄火放涼，即完成醬汁。

07 將去殼鴨蛋浸泡入醬汁鍋中，醬汁高度須淹過鴨蛋，浸泡 1 天即完成。

盛入容器裝飾

08 將溏心蛋切對半，放入紙容器內，蛋黃面朝上，為防蛋滑動，下方可先墊廚房餐巾紙或泡過冰水但已瀝乾水分的美生菜。

09 以美生菜、辣椒圈裝飾，即完成製作。

01

02

05-1

05-2

KNOW-HOW

成功訣竅 SUCCESS

如果想去掉蛋腥味，可在醬汁中加入薑片去除腥味，並在煮蛋時，拿著鍋鏟，以順時鐘方向攪拌鴨蛋，蛋黃較能凝固在中心點，成品更漂亮出色。

快速訣竅 FAST

省時不浸泡，更快速，在趕時間的狀況下可採取以下做法：將蛋放入滾水中煮 6 ～ 7 分鐘，取出剝殼，此時蛋黃達到一定黏稠度，這時把醬油、味醂、米酒放入鍋中煮滾後，再把剝殼蛋放進去，續用小火滾煮 3 ～ 5 分鐘，即已入味，但選蛋須注意不可過大，中等體型為宜。

增值訣竅 VALUE-ADDED

- 溏心蛋的醬汁也可運用些許的八角、辣椒片，變化成台式的溏心蛋，且原有的醬汁不浪費，可加入適量紫蘇葉搭配烤熟的香魚去煮，變化出另類的日式甘露煮香魚料理。
- 另外，可在原有醬汁中，加入些許可樂，這樣滷出來的蛋，顏色更黑金，也就是俗稱的可樂蛋了；如此就能端出溏心蛋、可樂蛋雙蛋分享餐，或自由與拉麵等麵飯主食搭配，更提升整體價值。

RECIPE 02

黃金泡菜

材料 INGREDIENTS

大白菜（切塊）……1200g
鹽……30g

泡菜醬汁

紅蘿蔔（切塊）……100g
蒜頭（拍扁）……100g
砂糖……60g
四川麻油辣腐乳……50g
香油……60cc
白醋……160cc

裝飾

香菜葉……適量

步驟說明 STEP BY STEP

01 大白菜塊洗淨後，用鹽抓醃，靜置 1 小時，用小流量的自來水沖，充分走水（走水，指使用大量清水洗淨）後，瀝乾水分，備用。

02 將紅蘿蔔塊、蒜頭、砂糖、四川麻油辣腐乳、香油、白醋放入果汁機中，打成泡菜醬汁。

03 將瀝乾水分的大白菜塊放入保鮮盒中，再倒泡菜醬汁入盒。

04 放入冰箱，冷藏隔夜，第二天入味即可食用。

05 要出菜時，取適量黃金泡菜放入紙容器中。

06 以香菜葉裝飾，為免沾濕變潮，香菜葉可另放入小夾鏈袋內。

KNOW-HOW

成功訣竅 SUCCESS

抓醃完的大白菜，一定要充分走水，去除鹽分後，可利用脫水機將大白菜脫乾水分，更可以充分快速的吸附泡菜醬汁的味道。

快速訣竅 FAST

- 將大白菜切成細絲後，入滾水中汆燙約 10 ～ 15 秒，立刻撈起冰鎮，瀝乾水分，拌入泡菜醬汁即可食用。
- 大白菜在抓醃出水的時候，可將鹽換成糖，約 600g 白菜，使用 75g 糖，這樣醃漬出水可以節省白菜大走水的時間。

增值訣竅 VALUE-ADDED

- 大白菜可用山東大白菜或高麗菜代替，會有不同的風味表現，且不同產地所種植出來的甜分也有差異。
- 在食材的運用上，可將杏鮑菇切塊後，汆燙、冰鎮、瀝乾水分後，再與泡菜醬汁一起拌勻即可，入口時會更有嚼勁，杏鮑菇黃金泡菜因加好料又加重量，可賣出較高的價錢。

RECIPE 03

韓式泡菜

材料 INGREDIENTS

大白菜（切塊）……3000g
鹽……160g

泡菜醬汁

蒜仁……150g
生薑……40g
紅辣椒……150g
白醋……375cc
砂糖……113g
匈牙利辣椒粉……20g
辣豆瓣……260g

步驟説明 STEP BY STEP

01　將大白菜塊洗淨後，用鹽醃漬，靜置 1 小時，用小流量的自來水沖，充分走水（走水，指使用大量清水洗淨）後，瀝乾水分，備用。

02　將蒜仁、生薑、紅辣椒、白醋、砂糖、匈牙利辣椒粉、辣豆瓣放入果菜調理機內，打成泡菜醬汁。

03　將瀝乾水分的大白菜塊和泡菜醬汁攪拌均勻，裝入保鮮盒。

04　放入冰箱，冷藏隔夜，第二天入味即可食用。

05　要出菜時，取適量韓式泡菜放入紙容器中。

KNOW-HOW

成功訣竅 SUCCESS

- 600 ～ 800g 大白菜大約用 30g 鹽醃漬，且鹽醃的時間要足夠，才不會造成大白菜本身的生菁味猶存，吃起來不可口，須注意走水後，水分要充分脱水瀝乾以去除鹽分。
- 可利用脱水機將大白菜脱乾水分，可更快速的吸附泡菜醬汁的味道。

快速訣竅 FAST

可事先把泡菜醬汁調合後放冰箱冷藏，接著將瀝乾水分的白菜沾著沁涼的泡菜醬汁直接食用，不僅爽口，風味更佳。

增值訣竅 VALUE-ADDED

- 可以在泡菜醬汁中，加入些許蘋果泥拌勻，因為蘋果本身帶有甜分，可以減少糖的使用。
- 調配好的泡菜醬汁也可以運用在海鮮類、蘿蔔、木耳、小黃瓜等多種韓式小菜的呈現上，例如蘿蔔泡菜、黃豆芽泡菜、螺肉泡菜、魷魚泡菜等，不妨搭配成韓式小菜組合，更能提高銷售額。

RECIPE 04

和風洋蔥

材料 INGREDIENTS

洋蔥（切絲）……360g

醬汁

日式醬油……95cc
味醂……50cc
白醋……75cc
蘋果醋……75cc
砂糖……90g
橄欖油……160cc
香油……20cc

裝飾

香菜葉……適量
七味粉……適量
黑芝麻……5g
柴魚片……20g

步驟說明 STEP BY STEP

和風洋蔥製作

01 洋蔥絲用小水量的水沖到無辛辣感，瀝乾水分，備用。

02 把日式醬油、味醂、白醋、蘋果醋、砂糖、橄欖油、香油拌勻，即完成醬汁，備用。

03 從洋蔥絲上方淋入醬汁。（註：若非要立即食用，可先不淋入醬汁。）

盛入容器裝飾

04 出菜時，洋蔥絲可盛入紙容器，醬汁另裝入迷你容器中。

05 應撒在洋蔥絲表面的黑芝麻、柴魚片，可裝入紙袋中，避免與洋蔥絲直接接觸而受潮，影響口感。

06 以香菜葉、七味粉裝飾，可增加色香味。

KNOW-HOW

成功訣竅 SUCCESS

由於洋蔥味道較為辛辣，因此切絲時一定要逆紋切，也就是刀子與洋蔥的紋路線條呈現垂直狀，這樣切下去即為逆紋切，逆紋切會切斷洋蔥的纖維，製作生菜沙拉時，口感就會較不辛辣。

快速訣竅 FAST

- 可將洋蔥絲冰鎮後，拌入少許檸檬汁，加快去除洋蔥本身的辛辣味。
- 若欲快速，也可買現成的和風沙拉醬製作。

增值訣竅 VALUE-ADDED

- 在和風洋蔥中，可以添加紅洋蔥絲、紅蘿蔔絲、小黃瓜絲、紫高麗菜絲等不同材料，一同拌勻食用，增加顏色與口感的豐富變化，可取名彩虹和風洋蔥沙拉，引發食客興趣。
- 可在醬汁中增添約 20g 柚子醬，拌勻後，即成和風柚子醬，這道涼菜就能取名和風柚香沙拉，取得更高的價值。

RECIPE 05

薑絲海帶

材料 INGREDIENTS

海帶絲 300g
生薑（切絲） 50g
辣椒（切圈） 10g
芹菜 250g
紅蘿蔔（切絲） 125g
白芝麻 適量

醬汁

鹽 15g
香油 75cc
烏醋 75cc
白醋 75cc
砂糖 100g
醬油膏 75cc

步驟說明 STEP BY STEP

01 將海帶絲本身鹽分洗淨後切段，用滾水汆燙 1 分鐘後撈起，備用。

02 將紅蘿蔔絲用滾水汆燙 1 分鐘後撈起，放入冰塊水中，冰鎮備用。（註：須用食用水製作冰塊水。）

03 芹菜先用刀子拍扁後再切段，稍用熱水汆燙 1 分鐘後撈起，放入冰塊水中，冰鎮備用。（註：須用食用水製作冰塊水。）

04 將鹽、香油、烏醋、白醋、砂糖、醬油膏混勻，即完成醬汁，備用。

05 將海帶絲、辣椒圈、紅蘿蔔絲、芹菜段、生薑絲放入攪拌盆內拌勻後，加入醬汁。

06 撒上白芝麻。

07 將薑絲海帶盛入紙容器即可。

KNOW-HOW

成功訣竅 SUCCESS

所有汆燙過熱水的食材，一定要確實冰鎮，才能保持食材爽脆的口感，而冰鎮後也可使用果菜脫水機，充分瀝乾水分，這樣醃漬後的食材才不會因為本身過多的水分，影響了應有的口味輕重與美味。

快速訣竅 FAST

海帶絲洗淨後，可放入冷凍冰鎮，有助使海帶絲纖維軟化後，加速吸收醬汁的速度，更快入味更好吃，因此可一早先做冰鎮動作，後續出菜就能推進速度。

增值訣竅 VALUE-ADDED

可加入適量辣豆腐乳，風味微辣、香氣足，還能幫助消化；另外，也可加入 200cc 檸檬汁、185cc 泰式魚露、60g 砂糖、100g 泰式甜雞醬，改做成泰式涼拌海帶絲，就能與一般的海帶菜色做區隔，形成獨特口味，取得增值效益。

RECIPE 06

芝麻牛蒡絲

材料 INGREDIENTS

牛蒡（切絲）300g
熟的黑、白芝麻 5g
紅蘿蔔（切絲）75g

醬汁

鹽 5g
砂糖 15g
米酒 20cc
味醂 75cc
醬油 100cc
麻油 30cc

裝飾

辣椒（切絲）適量

步驟說明 STEP BY STEP

01 將牛蒡絲、紅蘿蔔絲放入熱水鍋中汆燙 1 分鐘後，撈起，放入冰塊水中，冰鎮備用。（註：須用食用水製作冰塊水。）

02 將鹽、砂糖、米酒、味醂、醬油、麻油混合成醬汁。

03 將牛蒡絲、紅蘿蔔絲瀝乾後，泡入醬汁後攪拌均勻，再撒上熟的黑、白芝麻。

04 裝入保鮮盒，冷藏隔夜，第二天入味即可食用。

05 取適量盛入紙容器中。

06 以辣椒絲裝飾，即完成製作。

KNOW-HOW

成功訣竅 SUCCESS

- 可先將牛蒡絲沖水，充分用小水量走水（走水，指使用大量清水洗淨），以利澱粉質的釋放，使口感清爽。
- 汆燙後冰鎮的時間要充足，冰鎮後要瀝乾水分，才不會影響口感。

快速訣竅 FAST

醬汁可以預先調製起來，冰鎮瀝水後的食材就可直接淋上醬汁即食，口感更清新爽脆。

增值訣竅 VALUE-ADDED

- 牛蒡絲可泡入少許白醋中，使顏色雪白，較不會氧化。
- 牛蒡絲也可與其他食材如櫻花蝦、吻仔魚炸成金黃酥脆後，拌勻，接著在乾鍋中，加入蔥花、蒜末、辣椒末，用小火煸炒出香氣，就可撒上椒鹽粉或提供椒鹽粉當做沾料，取名椒鹽牛蒡絲，另具風味。

RECIPE 07

開胃乾絲

材料 INGREDIENTS

豆乾（切絲）……250g
紅蘿蔔（切絲）……80g
芹菜（切段）……25g
蒜（切碎）……10g
香菜（切小段）……20g

調味料

香油……15cc
鹽……8g
砂糖……25g
白醋……20cc
醬油膏……75cc
辣油……38cc

裝飾

香菜葉……適量
辣椒（切圈）……適量

步驟說明 STEP BY STEP

食材處理

01 豆乾絲用水沖洗，備用。

烹調

02 煮滾水，分別汆燙豆乾絲、紅蘿蔔絲、芹菜段，燙熟後撈起，放入冰塊水中，冰鎮備用。（註：須用食用水製作冰塊水。）

03 把香油、鹽、砂糖、白醋、醬油膏、辣油放入容器內攪拌均勻。

04 加入豆乾絲、芹菜段、紅蘿蔔絲、蒜碎、香菜段拌勻即可，可放入冰箱冷藏半小時後再食用，風味更佳。

盛入容器裝飾

05 將乾絲放入紙容器內。

06 以香菜葉、辣椒圈裝飾。（註：可加薑絲海帶拌勻或裝飾在乾絲上，製作方法可參考 P.130。）

KNOW-HOW

成功訣竅 SUCCESS

- 涼拌類食材最講究新鮮度，所以一定要選用當天新鮮的食材，且食材處理好後，應充分沖水走水（走水，指使用大量清水洗淨），預防沒洗淨的髒污，易造成成品腐壞。
- 外送過程中，一定要做好保冷保冰的動作，不妨附加保冷袋或用塑膠袋包著冰塊幫忙保冷，當送達到給顧客手中時，才能維持冰涼清爽的口感和風味。

快速訣竅 FAST

- 豆乾絲可買當天現售的現成產品。
- 可預先將調味料及食材處理好後，放入真空袋中封口、冷藏，須食用時，可將汆燙過滾水的豆乾絲放入拌勻，就可馬上食用；如果要讓豆乾加速軟化、入味，可在汆燙過程中，在滾水裡加入約 5g 小蘇打。

增值訣竅 VALUE-ADDED

可放入適量的中卷絲、蝦仁等食材，充分汆燙熟後冰鎮，加入乾絲後，倒入調味料，一起拌勻，即可食用，增加豐富風味，並可改名如開胃蝦仁乾絲，提升價值。

RECIPE 08

滷海帶結

材料 INGREDIENTS

海帶結	300g
市售滷包	1 包
蔥（切段）	75g
生薑（切片）	25g
辣椒	10g
蒜仁	30g
紅蘿蔔（切塊）	75g
沙拉油	200cc

調味料

甜麵醬	30g
辣豆瓣醬	30g
薄鹽醬油	200cc
水	1000cc
米酒	100cc
冰糖	75g
素蠔油	100cc

裝飾

紅蘿蔔（切菱形片）	適量
香菜	適量

步驟說明 STEP BY STEP

食材處理

01 將蒜仁稍拍扁，備用。

02 將紅蘿蔔塊泡食用水至軟後洗淨，瀝乾水分，備用。

滷味製作

03 在鍋中倒入沙拉油後加熱。

04 爆香生薑片、蔥段、蒜仁、辣椒。

05 依序放入甜麵醬、辣豆瓣醬、薄鹽醬油、水、米酒、冰糖、素蠔油，煮至飄出香味。

06 加入滷包，將滷汁煮滾後，改以小火續滷，放入海帶結、紅蘿蔔塊，滷約 20 ～ 25 分鐘至所有食材熟軟後，取出食材。

07 滷味食材待涼後，淋少許滷汁。

盛入容器裝飾

08 將滷味盛入紙容器，淋上少許滷汁，以免漏出容器不美觀。

09 可淋上少許香油，讓表面更油亮。

10 以紅蘿蔔片、香菜裝飾，即完成製作。

KNOW-HOW

成功訣竅 SUCCESS

海帶結不可滷太久，否則易過鹹使入口感受不佳，豆輪可先洗淨後泡軟，用滾水汆燙，以濾去多餘的油脂。

快速訣竅 FAST

- 可以將所有食材倒入電鍋，淋少許香油，外鍋放 2 杯水，煮到開關跳起後即可食用。
- 豆輪常用於素食料理，因豆輪是加工食品所以會很硬，通常須泡水 1 天才會變軟，如想快速變軟，可泡在水盆裡，上方用盛水鋼鍋等重物壓著，這樣泡 1 小時即可變軟。

增值訣竅 VALUE-ADDED

可將滷汁裡的食材取出，滷汁保留，運用在滷花生、滷豆乾、滷蛋等其他食物上；滷海帶結也可搭配這些滷味，形成綜合滷味盤，提高售價。

RECIPE 09

百香果青木瓜

材料 INGREDIENTS

青木瓜（切絲）300g
鹽 5g
新鮮百香果 150g

醬汁

砂糖 15g
檸檬汁 15cc
百香果醬 75cc

裝飾

薄荷葉 適量

步驟說明 STEP BY STEP

食材處理

01 將新鮮百香果對半切開，挖出果肉，備用。

醃漬青木瓜

02 在青木瓜絲中加入鹽抓醃軟化後，放入冰塊水中，冰鎮約 1 小時，用小流量的自來水沖，充分走水（走水，指使用大量清水洗淨）後，瀝乾水分。

03 將砂糖、檸檬汁、百香果醬攪拌均勻，即完成醬汁。

04 將醬汁加入已沖水的青木瓜絲、百香果肉中攪拌均勻，並裝入保鮮盒內。

05 放入冰箱，冷藏隔夜，第二天入味即可食用。

盛入容器裝飾

06 出菜時，取適量百香果青木瓜放入紙容器。

07 可用新鮮薄荷葉裝飾。

KNOW-HOW

成功訣竅 SUCCESS

青木瓜絲冰鎮後，一定要沖水除去鹽分，才能增強爽脆口感，而通常需要沖水 1 小時，為了要減少沖水的時間，可以泡在水中 30 分鐘，之後再沖水並靜置瀝乾水分即可，以減少水資源的浪費。

快速訣竅 FAST

可將青木瓜絲加鹽後，放入真空袋後封口，用手快速均勻搖晃真空袋，使青木瓜的水分快速釋出，以去除生菁味。

增值訣竅 VALUE-ADDED

在百香果的運用上，可使用南投埔里在地種植的百香果，風味更加濃厚，並可標榜採用在地優質農產品；而若非在百香果的盛產季，可用青芒果替換，創造不同的口感跟風味，可冷凍約 1 小時，口感就有如冰沙一般的沁涼爽快感。另外，百香果青木瓜還可加入 200cc 檸檬汁、185cc 泰式魚露、60g 砂糖、100g 泰式甜雞醬， 撒上花生碎、九層塔，創造出帶有南洋風味的飲食樂趣。

RECIPE 10

椒香皮蛋豆腐

材料 INGREDIENTS

嫩豆腐	600g	辣椒（切末）	5g	烏醋	16cc
皮蛋	2 顆	蒜頭（切末）	5g	砂糖	75g
蔥（切蔥花）	10g	生薑（切末）	10g	鹽	3g
		剝皮辣椒（切末）	5g	醬油膏	16cc
沾醬		香油	10cc	素蠔油	16cc
香菜（切末）	20g	醬油	16cc	紅油辣醬	75g

步驟說明 STEP BY STEP

食材處理

01 將嫩豆腐水分瀝乾後，切大片，備用。

02 將香菜、生薑、蒜頭、辣椒、剝皮辣椒切末；蔥切蔥花，備用。

03 皮蛋先蒸過，待冷卻後切成 6 片，備用。

沾醬製作

04 將香菜末、辣椒末、蒜末、生薑末、剝皮辣椒末放入容器中，依序加入醬油、烏醋、砂糖、鹽、醬油膏、素蠔油、紅油辣醬、香油，拌勻後即成沾醬。

盛入容器裝飾

05 將嫩豆腐片、皮蛋片放入紙容器中，以蔥花裝飾。

06 沾醬可先不淋，另外盛入小容器，隨菜附送，以保皮蛋豆腐清爽樣貌。

KNOW-HOW

成功訣竅 SUCCESS

皮蛋必須先蒸到蛋黃全熟，這樣切出來的皮蛋才不會黏刀，切面乾淨俐落很漂亮。

快速訣竅 FAST

皮蛋直接生切，跟豆腐一樣切成四方丁，拌入沾醬後，撒上蔥花，拌勻即可食用，形成椒香皮蛋拌豆腐的吃法。

增值訣竅 VALUE-ADDED

可在皮蛋豆腐上，撒上適量的綜合海鮮料，如花枝丁、蝦仁粒、干貝粒或肉鬆、魚鬆等配料，提升風味與質感，即成椒香鮮味皮蛋豆腐。

RECIPE 11

馬鈴薯沙拉

材料 INGREDIENTS

馬鈴薯（切小丁）	500g
紅蘿蔔（切小丁）	200g
玉米粒	15g
水煮蛋（切丁）	2 顆
小黃瓜（切小丁）	50g
葡萄乾	5g
鹽 A	5g
胡椒粉	5g
黃芥末醬	10g

沙拉醬

沙拉油	250cc
砂糖	100g
鹽 B	5g
全蛋	1 顆
檸檬汁	50cc

裝飾

蘿美生菜	適量
紅捲鬚生菜	適量
紅甜椒（切絲）	適量

步驟說明 STEP BY STEP

沙拉醬製作

01 取1個打蛋盆，放入全蛋、砂糖、鹽B，使用打蛋器攪打均勻。

02 慢慢且分次加入沙拉油，並持續打勻。

03 加入檸檬汁打勻，即完成沙拉醬。

沙拉製作

04 將紅蘿蔔丁放入滾水汆燙1分鐘後撈起，放入冰塊水中，冰鎮備用。（註：須用食用水製作冰塊水。）

05 將馬鈴薯丁放入蒸籠中蒸熟，備用。

06 取1個鋼盆或大碗，放入紅蘿蔔丁、小黃瓜丁、馬鈴薯丁、水煮蛋丁、玉米粒、葡萄乾，加入鹽A、胡椒粉調味，再加入沙拉醬、黃芥末醬拌勻，即完成沙拉製作。（註：若非要立即食用，沙拉醬及黃芥末醬可先不拌人。）

盛入容器裝飾

07 出菜前，將馬鈴薯沙拉放入紙容器中，再把玉米粒、葡萄乾挑出放在表面，視覺上較為漂亮。

08 沙拉醬、黃芥末醬另裝入迷你容器內，隨著馬鈴薯沙拉當做佐醬，以免提早淋上影響蔬果丁的脆口度，且有礙美觀。

09 以蘿美生菜、紅捲鬚生菜、紅甜椒絲裝飾，但為保鮮脆，宜另放入紙容器內。（註：可用松子裝飾。）

KNOW-HOW

成功訣竅 SUCCESS

製作沙拉醬時，一定要將砂糖打至融化，再分次倒入沙拉油打勻。

快速訣竅 FAST

- 將全蛋、砂糖、鹽攪打均勻後，加入沙拉油後，放入調理機打勻，速度較快；市售有很多美乃滋沙拉醬可供選用，可選零脂肪沙拉醬，較受歡迎。
- 可將馬鈴薯蒸透後搗成泥，與所有材料拌勻，或倒入沙拉醬拌勻，附湯匙供顧客挖取食用。

增值訣竅 VALUE-ADDED

沙拉醬可變化口味，如加入酸黃瓜碎、明太子，製作成明太子沙拉醬，也可增添巴西里末、酸豆、洋蔥碎調配成塔塔醬，提升整體不同樣貌與口感的呈現，這樣就可註明馬鈴薯沙拉搭配自製塔塔醬，提高價值。

RECIPE 12

水果優格沙拉

材料 INGREDIENTS

水蜜桃（切小丁）60g
蘋果（切小丁）50g
奇異果（切小丁）30g
香蕉（切小丁）30g
玉米麥片 15g

蜂蜜檸檬優格醬

蜂蜜 16g
檸檬汁 16cc
全脂牛奶 900cc
活性酵母菌粉 3g

裝飾

松子 適量
綠捲鬚生菜 適量
彩色麥片球 適量

步驟說明 STEP BY STEP

優格醬製作

01 將全脂牛奶倒入煮鍋內，加熱到 50°C。

02 加入活性酵母菌粉，攪拌均勻，熄火靜置 8 小時。

03 放入冰箱冷藏，即完成優格醬。

沙拉製作

04 在大碗內放入水蜜桃丁、蘋果丁、奇異果丁、香蕉丁、檸檬汁拌勻。

05 再加入蜂蜜及優格醬拌勻。（註：若非要立即食用，可先不拌入蜂蜜及優格醬。）

盛入容器裝飾

06 將拌勻的水果放入紙容器中，在水果上撒上玉米麥片或另裝入夾鏈袋中，以防玉米麥片受潮軟化。

07 蜂蜜優格醬另裝入迷你容器，隨餐附送自淋，以免過早淋入使整體口感不佳，在視覺上也不夠美觀。

08 以松子、綠捲鬚生菜、彩色麥片球裝飾，即完成製作。

KNOW-HOW

成功訣竅 SUCCESS

調製優格醬過程中，為了預防牛奶在加熱時，因溫度控制不當以致產生焦味，可採取隔水加熱法，確保牛奶受熱溫度平均且無焦味。

快速訣竅 FAST

市售有很多現成的優格醬可選用，尤以強調天然發酵的無甜味優格醬最為理想。

增值訣竅 VALUE-ADDED

- 可用挖球器挖取水果圓球，讓視覺上感到更美觀、動人，尤其深受小朋友歡迎。
- 優格醬在運用上有許多變化，如可將優格醬搭配黑芝麻調味食用，香氣更迷人；可因應季節水果盛產的狀況作變化，加入芒果醬、草莓醬、堅果類，製成如芒果草莓優格等等，很討喜，而草莓醬做法：可用 600g 新鮮草莓，加入 150g 砂糖及 30cc 檸檬汁一起熬煮約 30 分後熄火，蓋鍋蓋悶 10 分鐘，再用調理機打成果醬。

RECIPE 13

凱撒雞肉沙拉

材料 INGREDIENTS

吐司（切小丁）25g
煙燻雞胸肉 300g
起司絲 100g
橄欖油 10cc

凱撒沙拉醬

鯷魚 3 尾
去皮大蒜 20g
蛋黃 2 顆
法式芥末醬 30g
英國伍斯特醬 30g
檸檬汁 10cc
砂糖 15g
橄欖油 300cc

裝飾

洋蔥（切絲）適量
紅捲鬚生菜 適量
綠捲鬚生菜 適量
小番茄（切小丁）50g
蘋果（切小丁）50g
綜合生菜 300g

步驟說明 STEP BY STEP

食材處理

01 綜合生菜洗淨，手撕小片，泡冰水保持鮮脆，備用。（註：用食用水製作冰塊水後，將冰塊取出，以免冰塊碰觸生菜造成凍傷。）

凱撒醬處理

02 將鯷魚、去皮大蒜、蛋黃、法式芥末醬、英國伍斯特醬、檸檬汁、砂糖用均值機或果菜調理機打至完全均勻。

03 慢慢且分次倒入橄欖油，並攪打均勻，即完成凱撒醬。

沙拉料製作

04 將吐司丁用烤箱烤到呈金黃色，備用。

05 在鍋中倒入 10cc 橄欖油，用薄油煎煙燻雞胸肉至兩面金黃上色，備用。

盛入容器裝飾

06 將雞胸肉、起司絲盛入紙容器內。

07 小番茄丁、蘋果丁、綜合生菜裝進紙容器或塑膠盒，以洋蔥絲、紅捲鬚生菜、綠捲鬚生菜裝飾。（註：可用紅甜椒絲裝飾。）

08 吐司丁放入防油紙袋，待顧客要食用時再灑上。

09 將適量凱撒醬裝入迷你容器內，隨著沙拉附送。

KNOW-HOW

成功訣竅 SUCCESS

沙拉最重要的是確保清脆爽口，所以製作沙拉時，綜合生菜類必須冰鎮，可以取 1 大盆冰塊，灌入大量 RO 逆滲透水，快速攪動冰塊水後，撈起冰塊，接著將所有生菜放入並冰鎮 40 ～ 50 分鐘，而將冰塊移除的功用是防止冰塊碰觸生菜，造成生菜凍傷而有失清脆口感。

快速訣竅 FAST

生菜從冰水撈出前，也可改成將冰水倒掉，酌量添加檸檬汁、橄欖油、胡椒粉拌勻，有助增添生菜的風味；也可將煙燻雞胸肉用手撕成絲，直接與綜合生菜在盆中拌勻後，倒入其他材料，再淋上醬汁拌勻，即可食用；可利用市售凱撒醬，快速製作這道沙拉。

增值訣竅 VALUE-ADDED

伍斯特醬號稱英國醬油，呈現辣黑醋醬油味，使用這個醬汁，可以不放鯷魚，改成搭配文火煎香的蒜瓣，風味獨特；將煙燻雞胸肉變化成牛肉，如生牛肉冷沙拉，又是升級版的另一款美味料理，同時也可增值。

RECIPE 14

墨西哥雞肉脆皮沙拉

材料 INGREDIENTS

雞胸肉……150g

醃料

鹽……5g
黑胡椒……10g
砂糖……5g
胡椒粉……1g
米酒……10cc
香油……3cc

裝飾

彩色小番茄（對切）……20g
綜合生菜……20g
紅甜椒（切細絲）……5g
黃甜椒（切細絲）……5g
墨西哥辣椒粉……5g
玉米餅……30g

步驟說明 STEP BY STEP

食材處理

01 紅甜椒絲、黃甜椒絲、綜合生菜分別泡冰水，備用，使用前再瀝乾水分。（註：用食用水製作冰塊水後，將冰塊取出，以免冰塊碰觸生菜造成凍傷。）

烹調雞胸肉

02 將鹽、黑胡椒、砂糖、胡椒粉、米酒、香油放入容器中拌勻，即完成醃料。

03 將雞胸肉放入醃料中，醃漬 3 小時至入味。

04 將醃好的雞胸肉放入鍋中，開中小火蒸 10 ～ 12 分鐘至熟後，取出備用。

盛入容器裝飾

05 將綜合生菜放入紙容器中鋪底，再將雞胸肉切斜片後擺至綜合生菜上方。

06 加入彩色小番茄塊、紅甜椒絲、黃甜椒絲裝飾。

07 將玉米餅附在旁邊搭配食用，撒下墨西哥辣椒粉即可食用，而為避免玉米餅變軟而不脆，可裝入紙袋內，墨西哥辣椒粉則可放入小夾鏈袋內隨餐附送。

08 以麵包丁裝飾，即完成製作。【註：可使用 3g 食用花裝飾，例如：金蓮花、香堇菜、三色堇、金盞花、矢車草等，賞心悅目，非常受歡迎，可向栽種農園甚至上網採買，另外也可用其他如玉米苗（小玉米）、山蘿蔔苗裝飾。】

KNOW-HOW

成功訣竅 SUCCESS

可使用家用電鍋，放入 2 杯水後，放入雞胸肉蒸即可，且電鍋受熱較慢，可讓雞胸肉緩慢成熟，以增添雞肉鮮嫩的口感。

快速訣竅 FAST

可將雞胸肉直接切薄片醃漬，入蒸鍋蒸約 8 ～ 12 分鐘，蒸煮的時間較短，也可快速出餐，另可將雞胸肉薄片的大小切的與玉米餅差不多，就可像三明治一樣，搭配著一起食用。

增值訣竅 VALUE-ADDED

食用雞胸肉時，也可用捲餅或潤餅替代玉米餅，感覺會更有質感，另外可再用捲餅或潤餅包裹著黃金泡菜、韓式泡菜，形成超值組合，更可吃出異國風味的感受。（註：黃金泡菜製作方法參考 P.124；韓式泡菜製作方法參考 P.126。）

RECIPE 15

柚香蓮藕

材料 INGREDIENTS

蓮藕（去皮後切薄片）......200g

醬汁

紅醋......30cc

白醋......30cc

白糖......80g

桂花醬......10g

紫蘇梅果肉......20g

柚子醬......150g

裝飾

話梅......適量

紅甜椒（切丁）......適量

香菜......適量

步驟說明 STEP BY STEP

蓮藕製作

01 將蓮藕薄片放入滾水汆燙 1 分鐘後撈起，放入冰塊水中，冰鎮備用。（註：須用食用水製作冰塊水。）

02 將紅醋、白醋、白糖、桂花醬、紫蘇梅果肉、柚子醬放入容器中，攪拌均勻，即完成醬汁。

03 將蓮藕薄片瀝乾後，泡入醬汁，放入冰箱，冷藏隔夜，第二天入味即可食用。

盛入容器裝飾

04 將醃好的蓮藕薄片放入紙容器中，須注意盛入醬汁不要過多，以免滲出，反而不清爽。

05 以話梅、紅甜椒丁、香菜裝飾，即完成製作。

KNOW-HOW

成功訣竅 SUCCESS

- 用滾水汆燙並冰鎮後的蓮藕薄片，一定要瀝乾，以免水分過多而影響到醬汁本身的風味，且水分瀝乾，也可讓醃漬類產品的保存期限較長，風味仍存。
- 汆燙冰鎮後的蓮藕薄片，可直接沾附調製好的醬汁享用，感受蓮藕薄片清脆爽口的滋味；蓮藕薄片在汆燙時，可在滾水中加入少許鹽，燙熟後，直接瀝乾放涼，放入冰箱冷藏備用，由於蓮藕薄片吸附著鹽味，吃起來可勾勒出蓮藕薄片清新的甘甜。

快速訣竅 FAST

購買現成的罐裝柚子醬、桂花醬、紫蘇梅，輕鬆做，快速上菜。

增值訣竅 VALUE-ADDED

- 白醋可用檸檬汁替代，天然檸檬香氣更清新。
- 在醬汁的運用上，可增添 30g 番紅花做調配，呈現如紅花蓮藕般的色澤風味，除了提高整體價值外，也可在餐食市場裡獨樹一格，但須註明孕婦忌食。

RECIPE 16

塔香杏鮑菇

材料 INGREDIENTS

杏鮑菇 300g
九層塔 20g
蒜仁 15g
老薑（切片） 10g
辣椒（切片） 20g
胡麻油 A 10cc
沙拉油 450cc

三杯醬汁

米酒 300cc
醬油膏 30cc
素蠔油 20cc
冰糖 50g
辣豆瓣醬 15g
tabasco 10g
沙茶 5g
肉桂粉 1g
烏醋 30cc
胡麻油 B 75cc

裝飾

辣椒（切圈） 適量

步驟說明 STEP BY STEP

食材處理

01 將九層塔去除老梗後備用。

02 杏鮑菇切滾刀塊。

烹調塔香杏鮑菇

03 在鍋中倒入沙拉油後加熱至 180°C，放入杏鮑菇塊、蒜仁炸香，呈金黃色後，撈起瀝乾，再以廚房紙巾（吸油紙）濾去油分，備用。

04 將米酒、醬油膏、素蠔油、冰糖、辣豆瓣醬、tabasco、沙茶、肉桂粉、烏醋、胡麻油 B 全部材料放入鍋中拌勻、煮開，即完成三杯醬汁，備用。

05 另起一空鍋，放入胡麻油 A，開小火煸香老薑片、辣椒片。

06 放入蒜仁、杏鮑菇炒香後，加入三杯醬汁，並加入少許水，蓋上鍋蓋悶煮。

07 起鍋前，放入九層塔嗆香，隨即關火，趁熱稍拌即可。

盛入容器裝飾

08 將塔香杏鮑菇放入紙容器。

09 以辣椒圈裝飾，即完成製作。

KNOW-HOW

成功訣竅 SUCCESS

切記在烹調胡麻油時，不可高溫烹調，否則會產生苦味，影響整體的味道。

快速訣竅 FAST

可將杏鮑菇撕成條狀後，過油，再與三杯醬汁一起烹調，可加快入味的速度，口感呈現方便也較為創新。可將三杯醬汁預先煮起後，放入冰箱冷藏，待須烹調時，直接取出加熱烹調即可。

增值訣竅 VALUE-ADDED

- 九層塔是很受歡迎的香料植物，在料理時助於提香，所以可利用餘油多炸些香酥九層塔，另放入防油紙袋，隨餐附送，獲得顧客高評價。
- 三杯醬汁可加入少許紅麴醬或海山醬調味，不但可增加色澤，讓菜色鮮豔，也有益風味與健康。
- 另外，也可以加進米血、百頁豆腐一起烹調，創造不同風味的組合式小菜，拉高售價。

RECIPE 17

甘草豆乾

材料 INGREDIENTS

小豆乾 800g

滷料

甘草 10g
八角 10g
蒜頭（拍扁） 15g
辣椒 15g
老薑（切片） 15g
醬油 150cc
冰糖 75g
沙拉油 150cc
米酒 150cc
水 300cc

裝飾

蔥（切蔥花） 適量
辣椒（切圈） 適量

步驟說明 STEP BY STEP

01 將小豆乾洗淨，瀝乾，備用。

02 將甘草、八角、蒜頭、辣椒、老薑片、醬油、冰糖、沙拉油、米酒、水放入鍋中煮滾。

03 加入小豆乾，小火悶煮約 30 分入味。

04 待涼，將小豆乾盛入保鮮盒，放入冰箱，冷藏隔夜，第二天入味即可食用。

05 出菜時，取適量裝入紙容器中。

06 以蔥花、辣椒圈及滷料中的八角裝飾，即可享用。

KNOW-HOW

成功訣竅 SUCCESS

因製作滷味時火侯大小和時間的控制會影響結果，所以在滷製豆乾的過程中，一定要多次且不斷的用鍋鏟均勻攪拌，以免上色不均勻或變焦黑，影響賣相。

快速訣竅 FAST

- 可選用大塊的五香豆乾，氽燙熱水後，放入冰塊水中，冰鎮，再放入冰箱冷凍，軟化豆乾的毛細孔組織，可以縮短滷製的時間，快速入味；一次可製作 2 日份量，連著使用。
- 可選用市售品質良好的五香滷料包，輕鬆省事。

增值訣竅 VALUE-ADDED

- 在這道豆乾製作中，可加入沙茶、辣豆瓣醬增加風味，並可改名如沙茶豆乾。
- 可同時製作滷蛋、海帶、豬耳朵，甚至變化成鐵蛋、百頁豆腐、油豆腐，搭配成滷味綜合盤，就能賣出較高價錢。

RECIPE 18

三色蒸蛋

材料 INGREDIENTS

全蛋……5 顆
皮蛋……2 顆
鹹蛋……2 顆

調味料

鹽……5g
砂糖……5g
米酒……15cc
香油……30cc

裝飾

小番茄（切片）……適量
貝比生菜（baby leaf）……適量
紅、黃甜椒（切絲）……適量
酸模葉……適量

步驟說明 STEP BY STEP

三色蒸蛋製作

01 將鹽、砂糖、米酒、香油混合拌勻，分成 2 碗調味料備用。

02 將蛋白、蛋黃分開打勻後，分別過篩，各自加入 1 碗調味料中，為蛋白液和蛋黃液，備用。

03 皮蛋、鹹蛋蒸熟後切小丁，放入蛋白液中，備用。

04 取 1 個長方模，在內層鋪上保鮮膜或抹上少許沙拉油，以防沾黏，不好脫模。

05 將蛋白液先倒入模，蒸熟至凝固。

06 再倒入蛋黃液，蒸熟至凝固。

07 待冷卻後，輕輕倒扣脫模，切成厚片。

盛入容器裝飾

08 出菜時，將三色蒸蛋厚片疊放，排入紙容器中即可。

09 以小番茄片、貝比生菜（baby leaf）、紅甜椒絲、黃甜椒絲、酸模葉裝飾，即完成製作。

KNOW-HOW

成功訣竅 SUCCESS

蛋與水的比例可採 1：1 ～ 1.5，運用此比例調整蛋的口感，成功率較高，但要注意蒸蛋時，蒸鍋要保留少許縫隙，避免水蒸氣過多而回流滴入蛋液裡，影響外觀的美感，或者也可連盤包覆保鮮膜後，戳大量的小洞，以防水蒸氣流入蛋液內而破壞美觀。

快速訣竅 FAST

若不將蛋白、蛋黃分開拌勻過篩，可把蛋液加調味料全部拌勻後，倒入盤中或大碗中，蓋上保鮮膜並戳小洞，水滾後用小火蒸約 25 ～ 30 分即可。

增值訣竅 VALUE-ADDED

可在三色蒸蛋中添加些受歡迎的食材，如雞肉、海鮮、蝦子等，美味加成；另外可在蛋液中加入 100cc 豆漿，這樣蒸製出來的三色蛋色澤會更美更白，營養又健康，如此就可標榜豆漿三色蒸蛋或招牌三色蒸蛋，提高價值。

RECIPE 19

毛豆雪菜百頁

材料 INGREDIENTS

- 雪菜（雪裡紅）……300g
- 百頁（百頁豆皮）……100g
- 食用小蘇打粉……25g
- 毛豆仁……40g
- 鹽……15g
- 砂糖……15g
- 香油……20cc
- 雞高湯……200cc
- 沙拉油……150cc

裝飾

- 辣椒（切圈）……適量

步驟說明 STEP BY STEP

食材處理

01 百頁加入少許食用小蘇打粉，放入熱水中泡軟後，取出百頁，放入鋼盆或濾水盆中。

02 將百頁移到水龍頭下，用冷水沖洗，以去除蘇打味，備用。

03 將雪菜切粒，百頁切片，毛豆仁用冷水沖過，備用。

烹調

04 在鍋中倒入沙拉油後加熱。

05 放入雪菜粒炒香。

06 依序加入百頁片、雞高湯，撒上鹽、砂糖調味。

07 加入毛豆仁，蓋上鍋蓋悶熟。

08 起鍋前淋上香油，稍微拌炒即可。

盛入容器裝飾

09 將毛豆雪菜百頁盛入紙容器中。

10 以辣椒圈裝飾，即完成製作。

KNOW-HOW

成功訣竅 SUCCESS

雪菜本身已有鹹味，所以不要再下太重的調味料，以免死鹹，為保持雪菜的翠綠色澤，可在買回來洗淨沖水後，將雪菜泡入冰水中冰鎮，還可讓口感更爽脆。

快速訣竅 FAST

可將所有食材汆燙瀝乾後，拌入調味料及少量的橄欖油，放入冰箱冷藏冰鎮，因雪菜本身已與調味料醃漬過，所以可以減少烹調時間，較快入味，又保留住色澤。

增值訣竅 VALUE-ADDED

可以放入一些汆燙過後的豬肉絲或魚片（約 50g），一起拌炒，就能享受到不同風味的口感。

RECIPE 20

咖哩花椰菜

材料 INGREDIENTS

白花椰菜（切小朵）……200g
綠花椰菜（切小朵）……200g
洋菇（剖半）……75g
蒜仁（切片）……10g
洋蔥（切片）……150g
鴻喜菇……85g

咖哩粉……30g
冷開水……600cc
鹽 A……5g
奶油……30g
鮮奶……75cc
椰漿……38cc

調味料

鹽 B……20g
砂糖……25g

步驟説明 STEP BY STEP

食材處理

01 將小朵白花椰菜、小朵綠花椰菜、鴻喜菇泡入水中，加入鹽 A 並攪勻，泡約 30 分鐘即可撈出，備用。（註：可用大一點的容器盛裝。）

02 將小朵白花椰菜、小朵綠花椰菜放入滾水鍋中汆燙 1 分鐘後撈起，放入冰塊水中，冰鎮備用。（註：須用食用水製作冰塊水。）

烹調及盛入容器

03 在鍋中倒入奶油後加熱至融化。

04 放入蒜仁片、洋蔥片、洋菇塊、鴻喜菇、咖哩粉，爆香。

05 加入冷開水、鹽 B、砂糖、小朵綠花椰菜、小朵白花椰菜，蓋上鍋蓋，悶煮至熟。

06 最後加入椰漿、鮮奶拌勻即完成製作。

07 將咖哩花椰菜盛入紙容器中。

KNOW-HOW

成功訣竅 SUCCESS

- 以奶水替代鮮奶，滋味更香濃。
- 在炒咖哩粉的時候，為避免油溫過高，可先將鍋子移離開火源後，再倒入咖哩粉，慢慢炒香後，再倒入水，這樣香氣及顏色都能同時保持好。

快速訣竅 FAST

可使用市售咖哩塊，放入滾水中融化後，倒入所有食材煨煮至熟即可。

增值訣竅 VALUE-ADDED

可使用紅蘿蔔塊、馬鈴薯塊，炸至金黃上色後，倒入鍋中煨煮，等紅蘿蔔塊、馬鈴薯塊快熟透後，再放入其他所有食材，這樣可以享受咖哩美食的香鬆口感，並吃到更多樣化的蔬菜，營養均衡健康。

RECIPE 21

番茄炒蛋

材料 INGREDIENTS

牛番茄（切塊）……2顆
蔥（切段）……30g
全蛋……4顆
沙拉油……200cc
鹽A……5g
白胡椒粉A……2g

調味料

番茄醬……150g
鹽B……5g
砂糖……75g
水……60cc
白胡椒粉B……2g
白醋……60cc

步驟說明 STEP BY STEP

蛋液製作

01 將全蛋打入大碗中。

02 加入白胡椒粉 A，打勻。

03 再加入鹽 A 打勻，即完成蛋液，備用。

烹調

04 在鍋中倒入沙拉油後加熱，倒入蛋液，並炒熟蛋，盛出備用。

05 鍋中餘油留用，將牛番茄塊、蔥段炒香。

06 加入番茄醬、鹽 B、砂糖、水、白胡椒粉 B、白醋、炒好的蛋拌炒均勻即可。

盛入容器裝飾

07 將番茄炒蛋盛入紙容器中。

08 挑出綠色蔥段裝飾，即完成製作。

KNOW-HOW

成功訣竅 SUCCESS

炒蛋的時候，油量應稍多，主要要能薄薄覆蓋住蛋液，這樣炒出來的蛋才會又香又蓬鬆，口感、味道一級棒。

快速訣竅 FAST

處理番茄時，要摘掉蒂頭，用刀從底部劃十字形，再放進滾水鍋裡汆燙，水量須淹過番茄，將番茄燙熟後，從尾部脫落外皮，即可撈出來用冰塊水冰鎮，不但番茄口感較佳，熟成速度較快，烹調時更容易入味。

增值訣竅 VALUE-ADDED

- 強調完全不加現成番茄醬、使用新鮮番茄汁加水熬煮成天然番茄醬，就能提高價值。
- 番茄炒蛋可加入少許梅子粉或梅子汁，提味生香。

RECIPE 22

金沙炒苦瓜

材料 INGREDIENTS

苦瓜	600g
鹹蛋黃	150g
辣椒（切圈）	15g
蔥（切碎）	30g
蒜仁（切碎）	35g
太白粉	50g
砂糖	10g
鹽	5g
胡椒粉	3g
沙拉油	900cc

裝飾

辣椒（切圈）	適量
蔥（切蔥花）	適量

步驟說明 STEP BY STEP

前置處理

01 將苦瓜去籽、去內膜後，切薄片。

02 烤箱預熱至 180°C，把鹹蛋黃烤約 4 分鐘，烤到上色熟黃。

03 將鹹蛋黃壓扁成泥狀，備用。

烹調

04 在鍋中倒入沙拉油後加熱到約 180°C。

05 苦瓜片上撒太白粉，入油鍋炸至呈金黃色後，撈起瀝乾，再以廚房紙巾（吸油紙）濾去油分，備用。

06 鍋內餘油繼續使用，開小火，將鹹蛋黃泥放入鍋中，用鍋鏟不停攪拌至起泡、產生香味。

07 倒入苦瓜片，加入砂糖、鹽，胡椒粉快速翻炒，撒入蔥碎、蒜仁碎、辣椒圈，翻炒均勻即可。

盛入容器裝飾

08 將金沙炒苦瓜盛入紙容器中。

09 以蔥花、辣椒圈裝飾，即完成製作。

KNOW-HOW

成功訣竅 SUCCESS

本道做菜的鹹蛋黃是鴨蛋（較香），是製作蛋黃酥的同種產品，炒鹹蛋黃泥時，油量須稍多，至少要讓鍋底覆蓋一層薄薄油液，以小火快速拌炒至起泡，就能成功讓苦瓜充分包裹著蛋黃。

快速訣竅 FAST

- 可將沾太白粉的苦瓜片用滾水燙熟燙軟後，瀝乾水分，再加入調味料拌勻，當鹹蛋黃泥炒至起泡時，直接倒入盆中與苦瓜片拌勻後，即可享用。
- 如須大量鹹蛋黃做菜時，可事先烤過鹹蛋黃，再利用果菜汁機打成碎狀，然後放入冷凍備用。

增值訣竅 VALUE-ADDED

- 可使用市售帶殼鹹蛋，烤過後，去殼，將蛋白、蛋黃分開，將其中的蛋白捏碎，在最後加調味料翻炒時，再加入同炒即可起鍋，就能品嘗到整顆鹹蛋的完整風味。
- 除了金沙炒白苦瓜，還可加進綠苦瓜同炒，就能擁有白、綠的豐富色澤與營養，可取名為金沙炒雙色苦瓜，提高售價；金沙的用量非常廣，可將海鮮中卷炸熟後，與金沙拌勻調味，提升金沙小菜整體的價值感，創造不同的風味與口感。

RECIPE 23

黃瓜粉皮

材料 INGREDIENTS

小黃瓜（切長條）300g
涼粉皮 150g
鹽 A 15g

醬汁

蒜頭（切末）75g
鹽 B 15g
砂糖 100g
白醋 50cc
醬油膏 150cc
香油 50cc
辣油 10cc

裝飾

辣椒（切圈）30g

步驟說明 STEP BY STEP

01 小黃瓜切長條後，用鹽 A 抓醃，靜置 1 小時，用小流量的自來水沖，充分走水（走水，指使用大量清水洗淨）後，瀝乾水分，備用。

02 將涼粉皮切成和小黃瓜同樣大小的長條狀，備用。

03 將蒜末及鹽 B、砂糖、白醋、醬油膏、香油、辣油放入容器中，攪拌均勻成醬汁，備用。

04 將小黃瓜長條、涼粉皮長條泡入醬汁，放入冰箱，冰鎮半小時後即可食用。

05 將醃漬並冰鎮好的黃瓜粉皮放入紙容器中。

06 以辣椒圈裝飾，可同時提味生香。

KNOW-HOW

成功訣竅 SUCCESS

- 用手抓醃的小黃瓜，注意一定要再用小水沖，走水走透，避免殘留過多的鹽分，這樣醃漬出來的味道才會可口、不死鹹。
- 挑選小黃瓜時應選擇瓜條外型圓直、粗細均勻且外皮呈現青綠或淺綠色並帶有小凸刺狀的產品，新鮮味美，製作爽口小菜必勝。

快速訣竅 FAST

- 在熱帶國家或處在夏天天氣較熱、溫度較高時，小黃瓜可不須用鹽醃過，直接切條或拍扁切塊，與粉皮拌勻後，淋上適量的醬汁即可食用，口感爽脆且保存的水分多，清爽解膩。
- 如果較重視味道或搭配麵飯主食出餐，則可將小黃瓜拍扁後再分切醃漬，能更快速入味。

增值訣竅 VALUE-ADDED

- 可將白醋分量減半，加入適量黑醋代替，黑醋醃漬出來的顏色較暗，但黑醋香味濃，引人入勝。
- 食材的搭配上，可選用高檔產品如蝦仁、鮑魚、干貝，燙熟冰鎮後，與黃瓜、粉皮充分拌勻，就可改名如干貝黃瓜粉皮，售價自然不同；也可加入適量黃櫛瓜，增添色彩、口感的豐富性。
- 粉皮也可自製，運用 350g 綠豆粉、5g 鹽、500cc 冷開水全部拌勻成粉漿，在鍋中將水燒開，搖勻粉漿後，倒入約 100cc 粉漿至盤中，隔水加熱約 15 ～ 20 秒變透明後取出，再用冷水降溫即可，夏天冰鎮後再出菜，暑氣全消，並可標榜手工自製涼粉皮，提高價值。

RECIPE 24

螞蟻上樹

材料 INGREDIENTS

冬粉（約 3 把）......145g
絞肉......160g
薑（切末）......25g
蒜頭（切末）......20 g
乾香菇（切丁）......4g
辣椒（切圈）......10g
毛豆仁......15g
沙拉油......35cc
雞高湯......600cc
辣豆瓣醬......38g

調味料

砂糖......20g
醬油......20cc
胡椒粉......5g
素蠔油......75cc

裝飾

蔥（切碎）......適量

步驟說明 STEP BY STEP

食材處理

01 冬粉泡食用水軟化，備用。

02 乾香菇泡食用水至軟後，切丁，備用。

烹調及盛入容器

03 在鍋中倒入沙拉油後加熱。

04 倒入絞肉炒香。

05 加入蒜末、薑末、乾香菇丁拌炒，撈起，備用。

06 利用鍋中餘油炒香辣豆瓣醬。

07 加入剛撈起的絞肉、蒜末、薑末、乾香菇丁拌勻，並加入雞高湯及砂糖、醬油、胡椒粉、素蠔油調味後，蓋上鍋蓋。

08 湯汁煮滾後，放入毛豆仁、辣椒圈、冬粉，煮至軟化入味，稍拌即可起鍋。

09 將螞蟻上樹盛入紙容器，並點綴蔥碎裝飾。

KNOW-HOW

成功訣竅 SUCCESS

冬粉含有澱粉質，在烹煮的過程中容易黏鍋，建議選用不沾鍋，並注意在烹煮過程中必須多次且不斷的翻拌鍋底，不僅可以預防沾黏，也可讓冬粉均勻吸附醬汁的味道，口感、色澤均佳。

快速訣竅 FAST

- 可以先將冬粉泡熱水，增加軟化的速度，讓軟化後的冬粉在烹調時快速吸附醬汁入味。
- 若冬粉泡軟後不是馬上就要烹調，則可將冬粉預先泡食用水後，放置冰箱冷藏備用，這樣一旦要烹調時，隨時取出，即可烹煮，節省了備料的時間，就能快速出菜。

增值訣竅 VALUE-ADDED

絞肉可以選用牛肉或雞肉，烹調出來的風味就不同，另外還可以運用海鮮類，如加入鮭魚丁，蝦仁丁等，提升整體的價值感及口感，如此就能強調海味螞蟻上樹，提升價格。

RECIPE 25

墨西哥酸辣雞翅

材料 INGREDIENTS

雞翅（二節翅）……5支
洋蔥（切絲）A……25g

醬汁

墨西哥醬……30g
tabasco……10g
砂糖……10g
義大利香料……5g
番茄醬……60g
胡椒粉……5g
白酒……20cc
鹽……1g

裝飾

食用花……3g
洋蔥（切絲）B……25g
紅、黃甜椒（切絲）……2g
彩色小番茄（十字切開4瓣）……10g
墨西哥辣椒粉……3g

步驟説明 STEP BY STEP

醃漬雞翅

01 雞翅洗淨，在雞翅內側較厚部位劃刀以便吸收醬汁，備用。

02 將墨西哥醬、tabasco、砂糖、義大利香料、番茄醬、胡椒粉、白酒、鹽放入攪拌盆中，拌勻，即完成醬汁。

03 將雞翅放入，醃漬 1 天，若遇夏天，可放入冰箱醃漬，以免食材敗壞。

烹調雞翅

04 將烤箱預熱至 160°C 後，洋蔥絲 A 在烤盤上鋪底。

05 將醃好的雞翅平放上去，烤 15 ～ 20 分鐘至金黃上色烤熟。

盛入容器裝飾

06 用洋蔥絲 B 鋪在紙容器底部，擺上雞翅，撒上墨西哥辣椒粉。

07 以彩色小番茄塊、紅甜椒絲、黃甜椒絲裝飾在雞翅表面；再以食用花裝飾在角落，以免被熱氣直接烘軟。

08 可多附送 1 包用小夾鏈袋裝的墨西哥辣椒粉，讓顧客享用時再撒，感覺更漂亮、更美味。

KNOW-HOW

成功訣竅 SUCCESS

洋蔥水分多，鋪在底下時，容易出水，可以預防烤雞翅時沾黏烤盤而燒焦，且雞翅內側較厚部位一定要用小刀劃刀，或用鐵針戳洞，才能確保醬汁入味，還可加快熟成。

快速訣竅 FAST

可將醃漬好的雞翅先蒸熟，刷上少許醬汁，再入烤箱烤 6 ～ 8 分鐘至香氣飄出即可；雞翅也可預先醃漬好後，分裝入冷凍保存，應急之時，可用微波爐或節能板退冰，直接烹調即可，節省了醃漬的時間。

增值訣竅 VALUE-ADDED

可將二節翅替換成三節翅的雞翅，去骨後，將內部填裝炒好的米糕後，用棉線將封口處綁起來後，再刷上醬汁，入烤箱烤至上色入味熟透即可，如此可提升飽足感與價格。

RECIPE 26

金黃色脆薯

材料 INGREDIENTS

馬鈴薯	600g
沙拉油	900cc
胡椒粉	32g
鹽	32g
番茄醬	20g

裝飾

巴西里	適量

步驟說明 STEP BY STEP

烹調脆薯

01 將馬鈴薯洗淨，去皮後切條，放入水中，用自來水沖去澱粉質後，瀝乾水分，備用。

02 在鍋中倒入沙拉油後加熱至 180°C，放進入馬鈴薯條炸 5 分鐘後，撈起靜置，備用。

03 續將油鍋加熱至 180 ～ 200°C，再將馬鈴薯薯條放入炸約 2 ～ 3 分鐘，呈現酥脆金黃即可撈起瀝乾，再以廚房紙巾（吸油紙）濾去油分，備用。

盛入容器裝飾

04 將脆薯裝入防油紙袋，撒上胡椒粉、鹽。

05 以巴西里裝飾。

06 可將番茄醬裝入小容器內，隨餐附送。

KNOW-HOW

成功訣竅 SUCCESS

第一次炸完馬鈴薯薯條時，一定要靜置，利用餘溫將馬鈴薯條內部悶熟，接著第二次油炸時，再將油溫稍微拉高至 200°C，這樣炸出來的馬鈴薯薯條才會美味、金黃、香氣迷人。

快速訣竅 FAST

可以直接購買市售的冷凍脆薯，維持冷凍的狀態，開封即放入油鍋炸，炸至金黃酥脆即可，搭配調味料即可食用。

增值訣竅 VALUE-ADDED

- 可將炸至金黃的脆薯，運用先炸再烘的技巧，烘乾成乾乾脆脆的程度，延長保存期限，如同日本北海道薯條三兄弟的製程；也可結合薯條與起司絲，運用烘烤手法，製成焗烤薯條，再點綴適量巴西利提色，變化不同的烹調法。
- 馬鈴薯切成條後，也可用溫水泡約 10 分鐘，瀝乾水分，拌入少許咖哩粉、牛奶、玉米粉，拌均勻後再炸，取名咖哩奶香脆薯，炸出來的薯條更加金黃脆口，口感層次也倍加豐富，而在炸油中加入 100g 奶油，能大大增加香氣，也能賣出好價錢，讓顧客吃了還想再吃。

RECIPE 27

甘梅地瓜薯條

材料 INGREDIENTS

地瓜……800g
沙拉油……1500cc
甘梅粉……50g
太白粉……100g

麵糊

酥炸粉……600g
水……600cc

裝飾

萵苣……適量
苦苣……適量

步驟說明 STEP BY STEP

地瓜條製作

01 將地瓜洗淨、削皮，切條，備用。

02 燒熱 1 鍋熱水，放入地瓜條汆燙後，撈出，再放進冷的食用水中冷卻，再取出瀝乾水分。

03 酥炸粉加水，調合均勻成麵糊，備用。

04 將地瓜條放入鋼盆中，先撒上太白粉，再將地瓜條均勻裹上麵糊。

烹調地瓜條

05 在鍋中倒入沙拉油後加熱至 180°C，放入裹麵糊的地瓜條，炸 8 ～ 10 分鐘，炸至金黃即可撈起，將多餘油瀝乾。

06 撒上甘梅粉。

盛入容器裝飾

07 將地瓜條放入防油紙袋，可多附上 1 小包甘梅粉供顧客依口味多撒添味。

08 以萵苣、苦苣裝飾，即完成製作。

KNOW-HOW

成功訣竅 SUCCESS

加入太白粉可讓地瓜黏著麵糊的力度增強，這樣炸出來的薯條麵衣也較不會脫落，形狀好看；若要避免氧化，剛切好的地瓜條可以先泡水備用。

快速訣竅 FAST

- 可將地瓜條直接油炸至金黃熟透即可，沾著甘梅粉即可品嘗，而不上粉漿的地瓜條，口感較鬆綿。
- 地瓜可預先分切好後，蒸熟，鋪平放涼，移入冰箱冷凍，待需要烹調時，再取出烹調，即可縮短時間；做生意的都會先炸 1 次熟成的薯條，放置一旁，待顧客下單時再迅速回鍋即可。

增值訣竅 VALUE-ADDED

- 地瓜條可不上粉漿，一樣用熱水稍燙後，拌入薄薄一層橄欖油，放入烤箱以 200°C 烤約 20 ～ 25 分鐘至熟透，即可食用，減少油脂的使用，比較健康，同時可以保留地瓜完整的風味及營養。
- 地瓜在運用上，可調配 300cc 清水、240g 二號砂糖、180g 麥芽糖、60cc 沙拉油，加入整條去皮地瓜熬煮 30 分鐘後，撈起放涼約 30 分鐘，再放回鍋中熬煮 30 分鐘，就完成香濃美味的蜜地瓜，又是另一道可口的地瓜小吃。

RECIPE 28

咖哩可樂餅

材料 INGREDIENTS

- 沙拉油 B 1000cc
- 麵粉 250g
- 麵包粉 250g
- 全蛋 .... 2 顆

餡料

- 沙拉油 A 100cc
- 馬鈴薯（切薄片） 350g
- 豬絞肉 100g
- 洋蔥（切丁） 90g
- 玉米粒 80g
- 鹽 16g
- 胡椒粉 16g
- 咖哩粉 45g

裝飾

- 洋蔥（切絲） .... 適量
- 巴西里 .... 適量

步驟説明 STEP BY STEP

食材處理

01 馬鈴薯切成薄片後蒸熟，壓拌成馬鈴薯泥，備用。

02 全蛋打成蛋液，備用。

烹調可樂餅

03 在鍋中倒入沙拉油 A 後加熱。

04 放入洋蔥丁炒香。

05 加入豬絞肉、玉米粒、鹽、胡椒粉、咖哩粉，炒至熟，熄火，撈起後濾油，即完成餡料，備用。

06 將馬鈴薯泥捏出圓團狀，加入適量餡料後，塑形成圓餅狀。

07 在鍋中倒入沙拉油 B 後加熱至 180°C。

08 採三溫暖油炸法，以先裹麵粉，再裹蛋液，接著裹麵包粉，用手掌輕壓如同按摩一般，再入油鍋油炸、炸至兩面金黃上色後，撈起再瀝乾，以廚房紙巾（吸油紙）濾去油分。

盛入容器裝飾

09 將可樂餅裝入防油紙袋。

10 以洋蔥絲、巴西里裝飾。

KNOW-HOW

成功訣竅 SUCCESS

注意上粉的速度要快，包裹材料的水分不能過多，且油溫須達到 180°C，咖哩可樂餅才不會因油溫不夠，而吸附過多的油，或軟化掉，有礙口感；在三溫暖程序後，若想使可樂餅口感更酥脆，可再加裹 1 層蛋液，再下鍋油炸。

快速訣竅 FAST

- 馬鈴薯切薄片，可以減少蒸的時間，較快熟。
- 可預先炒成熟餡料後，分裝冷凍，待要製作時，取出並與馬鈴薯泥包裹，即可油炸食用，又或者可直接將餡料與馬鈴薯泥拌勻，採三溫暖油炸法烹炸，可以節省包裹餡料的時間，如果一次做大量，可冷凍保存，之後取出直接入油鍋油炸更快速；另外，市售冷凍可樂餅，也可參考採用。

增值訣竅 VALUE-ADDED

餡料可包入起司絲，風味更佳；可在馬鈴薯泥包裹的蔬菜料中，再增添紅蘿蔔與炒熟的雞肉丁等，這樣烹調出來的口感，更像享用咖哩雞肉的感覺，不一樣的呈現方式，一樣的食材，創造出好看又好吃的有趣產品；炸熟後的可樂餅，也可搭配著凱撒醬或塔塔醬食用。（註：凱撒醬製作方式參考 P.146；塔塔醬製作方式參考 P.143。）

RECIPE 29

酥炸揚初豆腐

材料 INGREDIENTS

非基因改造雞蛋豆腐……1 盒
酥炸粉……200g
七味粉……30g
黑芝麻……20g
沙拉油……600cc

醬汁

醬油……50cc
柴魚高湯……150cc
味醂……50cc
砂糖……50g
蘿蔔泥……50g

裝飾及配料

食用花……3g
酸模葉……適量
綜合生菜……適量
紅、黃甜椒（切絲）……適量

步驟說明 STEP BY STEP

烹調豆腐

01 將雞蛋豆腐切成骰子形狀大小。

02 將酥炸粉、七味粉、黑芝麻拌勻，即完成調和粉。

03 將豆腐塊均勻裹上調合粉後，備用。

04 在鍋中倒入沙拉油後加熱至 180°C，將裹粉豆腐塊放入油炸至表面金黃上色後，撈起，以廚房紙巾（吸油紙）濾去油分，備用。

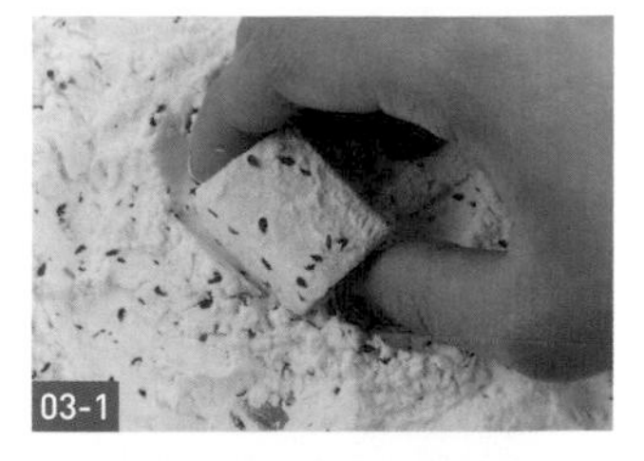
03-1

03-2

醬汁調配

05 將醬油、柴魚高湯、味醂、砂糖攪拌均勻。

06 食用前再放入蘿蔔泥。

盛入容器裝飾

07 將炸豆腐放入紙容器內，蘿蔔泥及醬汁另裝入迷你容器內隨餐附送。

08 以食用花或酸模葉、綜合生菜、紅甜椒絲、黃甜椒絲裝飾，若以食用花裝飾，炸豆腐下可多墊 1 張吸油餐巾紙，再把食用花隔著餐巾紙擺在角落，以免被炸豆腐燙傷。

KNOW-HOW

成功訣竅 SUCCESS

切記要將豆腐的水分瀝乾後再裹上調合粉，否則若粉料受潮，炸出的豆腐就容易不酥脆，口感扣分。

快速訣竅 FAST

可將所有粉料倒入塑膠袋裡，再將袋口綁起後，快速搖晃均勻，即調製完成。

增值訣竅 VALUE-ADDED

- 自煮柴魚高湯中，還可加入昆布、香菇、小魚乾、薑等材料，創造豐富美味。
- 如要自製豆腐，可將 50cc 非基因改造豆漿、300cc 清水混合，隔水加熱至豆漿表面產生豆皮後，再沖入清水稀釋滷花（表面的植物油分），將滷花拌勻後，把液體倒入鋪好濕濾布的模具中，再蓋上濾布，並用一樣大小的模具，放在上方重壓 10 ～ 15 分鐘即可，這樣在販售這道揚初豆腐時就可強調自製健康手工豆腐，更具價值。

RECIPE 30

酥炸起司條

材料 INGREDIENTS

Mozzarella 乳酪（切小長條狀）	150g
豆薯（切小長條狀）	80g
火腿（切小長條狀）	60g
紅蘿蔔（切小長條狀）	40g
小黃瓜（切小長條狀）	40g
大黃皮（燒賣皮）	50g
全蛋（打蛋液）	1 顆
黑、白芝麻	15g
沙拉油	600cc

裝飾

巴西里	適量

步驟說明 STEP BY STEP

起司條製作

01 攤開大黃皮。

02 在其中一角內側放上乳酪條、豆薯條、小黃瓜條、紅蘿蔔條、火腿條。

03 用大黃皮包捲起。

04 捲到中央處，從左、右兩角往內摺。

05 稍微往下壓後繼續滾捲。

06 將全蛋打勻成蛋液，在起司捲黏口處，沾用蛋液黏合。

07 捲成細長條狀。

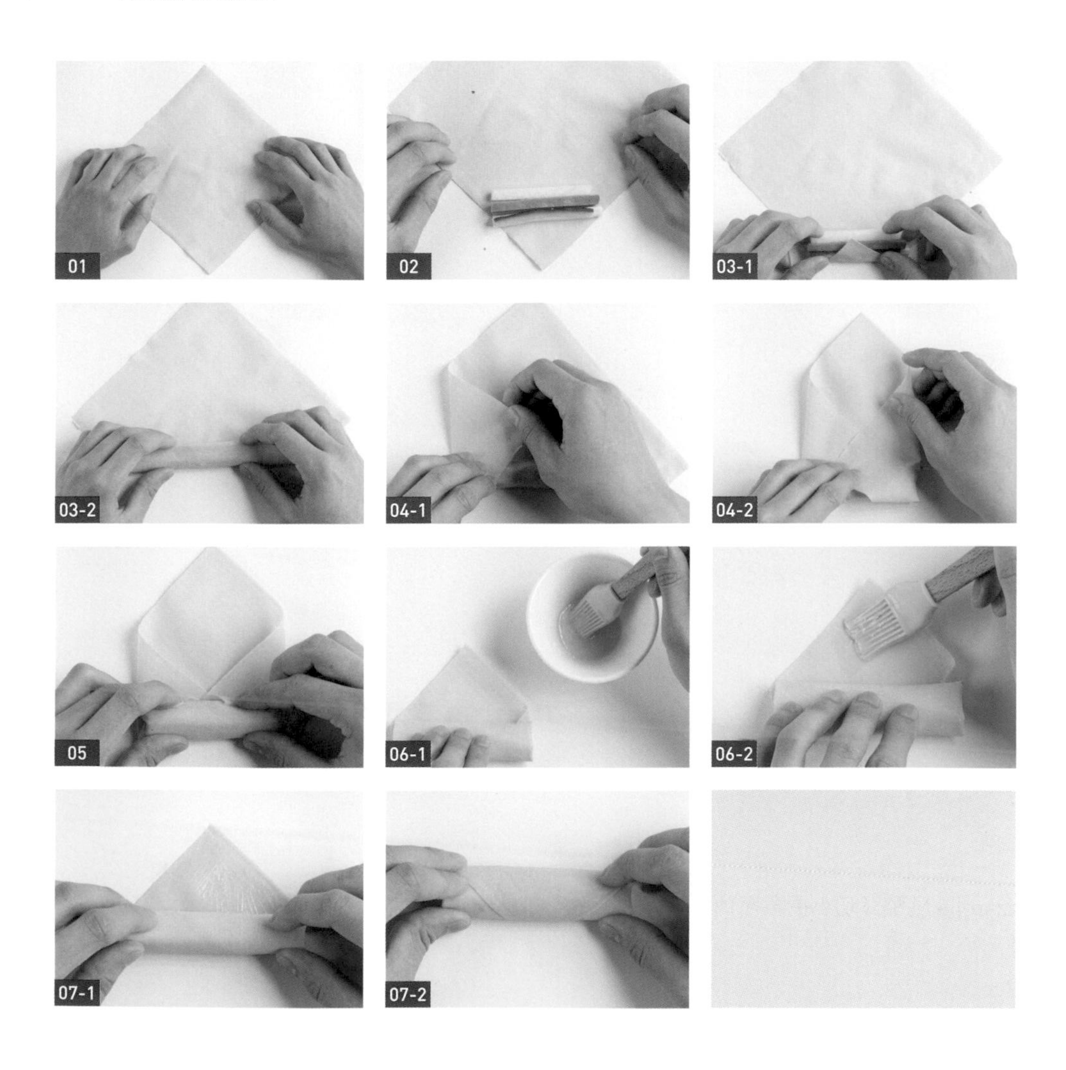

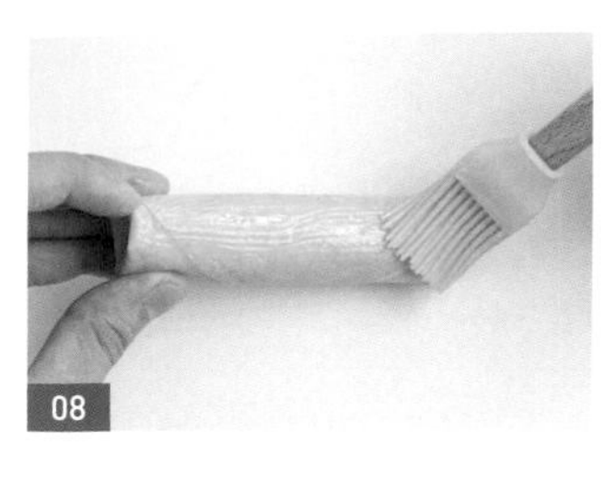

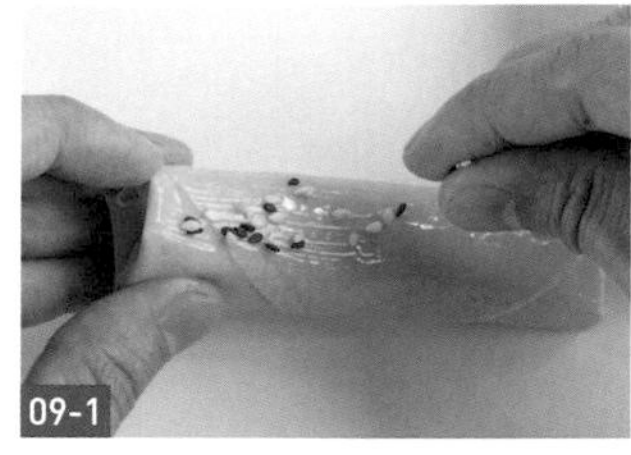

起司條製作

08 在包好的起司條表面擦上蛋液。

09 撒上黑、白芝麻，即完成起司條。

10 在鍋中倒入沙拉油後加熱至 180°C 後，放入起司條，炸至呈現金黃色及酥脆狀，撈起瀝乾，再以廚房紙巾（吸油紙）濾去油分即可。

盛入容器裝飾

11 放入防油紙袋或紙容器，為防止因炸後起司條的油分，而在紙容器內滑動，可先墊 1 張防油餐巾紙，再放入起司捲。

12 以巴西里裝飾，即完成製作。

KNOW-HOW

成功訣竅 SUCCESS

可在封口處，只取蛋黃液或改用麵糊取代蛋液，麵糊稠度較濃，新手使用起來也較為順手。

快速訣竅 FAST

可將所有內餡食材用刨刀刨成絲，直接拌勻，放入大黃皮內捲起，節省切條的時間；如果製作起司條的蛋液用量大，可採買已打好的冷藏蛋液來用；大黃皮就是金黃色燒賣皮，是以麵粉為主要材料製作而成的，一般稱為燒賣皮，有大、小 2 種規格，如用量大，市場、網路上都有可以連絡叫貨的廠商可選用，通常 1 包為 2 台斤裝（1200g），大約 200 多張，到貨後依使用快慢加以冷凍、冷藏，本道起司條使用小張大黃皮即可。

增值訣竅 VALUE-ADDED

- 可將大黃皮改成春捲皮或潤餅皮，慢火烹炸，一樣可以炸出金黃酥脆的口感，口感別具風味。
- 可在內餡方面做調整，如包入泰式打拋豬，製作出嶄新的風味，又或是酥炸起司條組合採用 2 種口味形成組合，更具吸引力和價值感。

POPULAR DRINKS

人氣飲品

CHAPTER 04

RECIPE 01

和風暖暖日式烘焙綠茶

材料 INGREDIENTS

日本綠茶茶葉……15g
熱水……250cc
糖水……10cc

步驟說明 STEP BY STEP

01 將茶葉放入茶壺中。

02 將熱水稍放涼到 70 ～ 80°C，沖泡茶葉稍浸 1 分鐘，呈現翠綠茶湯色後，隨即倒出成為綠茶茶湯。

03 加入糖水攪拌均勻即可。（註：糖水製作方法參考 P.197。）

04 倒入耐熱紙杯容器中，封蓋。

05 如果製作量大並為主要商品，可挑選具有和風圖案如櫻花的容器，更能傳達東洋風味。

KNOW-HOW

成功訣竅 SUCCESS

- 可以用第一泡的茶湯將茶杯溫杯殺菌，綠茶屬於不發酵茶，是所有茶類中最容易陳化變質的茶，所以儲存時必須做好防曬、防潮、防其他氣味交雜影響，浸泡時才能呈現綠茶原本風味。
- 日本鎌倉時代的抹茶，源自於中國北宋時期，茶粉調水穠稠後，前後沖入 7 次熱水浸潤再飲，大受喜愛，日本綠茶品種可分為覆蓋茶底下的玉露、覆蓋茶、碾茶，以及煎茶旗下的煎茶、玉綠茶、無覆蓋茶底下的番茶、玄米茶等，有覆蓋住 3 月發芽茶芽有別於 5 月只採收 1 次的玉露，滋味甘甜，顏色翠綠，價格高貴，市售一般焙茶茶料來自製作玉露、煎茶過程後所剩的茶渣，如果茶葉不細碎，外觀仍鮮綠，就算是粉茶中的良品，也不宜泡太久，宜趁鮮喝，製作本道烘焙綠茶可使用日式焙茶茶葉或煎茶；日本綠茶採蒸菁法，和臺灣三峽主產地、文山少數產地綠茶炒菁法不同，臺灣炒菁綠茶稱為龍井茶。

快速訣竅 FAST

使用綠茶焙茶粉，可快速上手。可將綠茶茶湯預先煮起來，備用，待須飲用時，再稍微加熱，並放入糖慢慢攪拌融解即可，減少浸泡的時間。

增值訣竅 VALUE-ADDED

- 可將 3g 綠茶茶葉放入冷水壺或保特瓶、保溫瓶中，沖入 500cc 以上冷開水後，放置冷藏浸泡 8 小時以上，或隔夜再飲用，就形成冷泡茶，風味備加鮮爽，茶香悠揚，是夏日的最佳享受，用保特瓶製作起來，就可單賣綠茶冷泡茶外送、外帶或搭配套餐組合，若冷泡茶和熱的綠茶形成組合，可取名如高兒茶素健美活力雙享泡，價值跟著提升。
- 可運用 30g 果糖、30cc 紅石榴糖漿、15cc 檸檬汁、500cc 冰塊、200cc 綠茶均勻搖盪後，調配出別具一番風味的石榴綠茶。

RECIPE 02

無與倫比果香熟成紅茶

材料 INGREDIENTS

紅茶茶葉……15g
熱水……500cc

裝飾

金桔（切對半）……2 顆

步驟說明 STEP BY STEP

01 煮開熱水後稍放涼，讓水溫降至約 85°C。

02 將茶葉放在容器中，沖入熱水，浸泡 3 分鐘。

03 將茶湯倒入防熱紙杯容器中，濾掉茶葉。

04 放入金桔塊，即完成製作。（註：可放入冰塊，製作成冰飲。）

KNOW-HOW

成功訣竅 SUCCESS

- 如想突顯出果香，可將金桔與紅茶茶葉一起放在大杯容器中，沖泡熱水後靜置，讓金桔皮的天然油脂及芳香釋放出來，浸泡過後，果香也會更加濃郁；泡好的紅茶可用濾布將茶渣濾乾淨。
- 所謂熟成紅茶，標榜選用茶葉中一心二葉以外的第三片嫩葉，在適當的溫度、濕度環境中儲放 1 年，屬於全發酵茶中的紅茶，氧化後又產生後熟作用，有如陳年，果香、花香的香甜感更明顯，近年來很受歡迎。

快速訣竅 FAST

可以用小刀輕輕的在金桔表皮上劃刀，為略看到果肉的深度，這樣更能快速釋放果香，也能減少金桔浸泡入味的時間。

增值訣竅 VALUE-ADDED

- 加入柑橘類的水果，能促使紅茶融入而散發出果香及茶香。也可添加 10g 百香果醬及 10g 鳳梨片，增添熱帶水果的風味。
- 在紅茶的運用上，可以將 135g 紅茶茶葉、4500cc 熱水、500g 二號砂糖一起浸泡 15 分鐘後，取出茶葉丟棄，接著倒入 9000g 冰塊，即可一次製造大量且可分杯作為餐點的附餐飲品，提高套餐質感與價值。

RECIPE 03

英倫情人伯爵紅茶

材料 INGREDIENTS

伯爵紅茶茶葉……10g
熱水……450cc

裝飾
冰塊……適量

步驟說明 STEP BY STEP

01 先用熱水溫杯，有助於提升茶的香氣。

02 把茶葉放置大杯容器中，注入 95°C 的熱水。

03 浸泡 3 ～ 5 分鐘後，將茶湯沖入已用熱水溫杯的防熱紙杯容器中，濾掉茶葉。若一時還用不到，可待涼後放入冰箱冷藏，即成冰飲。

04 可把熱茶或溫茶直接倒入防熱的大紙杯容器中，加入冰塊即可。

KNOW-HOW

成功訣竅 SUCCESS

為了調配出色澤清澈的鮮美紅茶，在過濾茶葉時，切記要用濾布過濾，可保持茶色的完美。伯爵茶（Earl Grey Tea）以 19 世紀初英國首相格雷二世伯爵（Earl Grey）的姓名命名，由佛手柑及紅茶茶葉混合而成，散發出柑橘的特殊香氣，是非常受歡迎的調味紅茶。

快速訣竅 FAST

可事先將 10g 茶葉用 100cc 水預先浸泡開後，濾淨備用，再放入冰箱冷藏，待須調製時再取出，沖入剩餘的 350cc 的水稀釋，即可飲用。

增值訣竅 VALUE-ADDED

可加入 50cc 鮮奶，就變成市面上高人氣的紅茶拿鐵；另外，還可以加入質地扎實的布丁，增添新的風味，搭配著粗吸管或小湯匙，創造風味殊異的飲用方式及口感；此外，可運用 30cc 黑砂糖漿、500g 冰塊、200cc 伯爵紅茶調配成伯爵焦糖紅茶，又是截然不同的風味變化。

RECIPE 04

台茶十八號日月潭紅茶

材料 INGREDIENTS

台茶十八號日月潭紅茶茶葉……5g
熱水……500cc

裝飾
冰塊……適量

步驟說明 STEP BY STEP

01 用熱水溫壺，放入茶葉，以 95 ～ 100°C 的熱水沖泡。

02 浸泡約 40 秒後，將茶湯沖入防熱紙杯容器中，濾掉茶葉。

03 倒入防熱的大紙杯容器內，即成熱茶，如要做成冰茶，可另外加入冰塊即可。

KNOW-HOW

成功訣竅 SUCCESS

- 每一回浸泡時間應順延 20 秒後再倒出飲用，這樣就可讓一份茶葉回沖 3 ～ 4 回，另須注意沖泡茶葉不宜浸泡太久，以免可能造成澀味或苦味
- 台茶十八號紅茶（紅玉）是由農委會茶業改良場所研發成功的品種，在魚池、日月潭一帶推廣種植，茶湯顏色豔紅明亮，香氣濃郁芬芳，滋味厚實，口感柔滑，散發一股台灣山茶特有的玫瑰、薄荷、柚皮氣息與野性，獨特的肉桂芳香與薄荷涼香更迷人，造就了獨特的「臺灣香」；一般來說，浸泡後仍保有圓潤口感，不覺苦澀，應為購買到正宗茶葉產品。

快速訣竅 FAST

可預先將紅茶沖泡起來，放置冰箱冷藏備用，待需要時，即可立即取出，縮短製作時間。

增值訣竅 VALUE-ADDED

- 台茶十八號紅茶有蜜香、果香，但喝起來無甜分，可搭配口感比較重的點心，例如：奶油口味蛋糕、鳳梨酥、檸檬派，讓單調的飲品與小糕點搭配，形成下午茶組合，大幅增值。
- 另外，可運用 30g 果糖、30g 榛果糖漿、20cc 鮮奶、400g 冰塊搭配 200cc 紅茶，調勻成榛果奶茶。

RECIPE 05

戀愛滋味梅子茶

材料 INGREDIENTS

- 綠茶茶葉 18g
- 酸梅 75g
- 紫蘇梅 3 顆
- 烏梅汁 25cc
- 水 500cc
- 砂糖 75g

裝飾

- 檸檬（切片） 2 片
- 紅櫻桃 2 顆
- 薄荷葉 1 支
- 梅子 2 顆

步驟說明 STEP BY STEP

01 把水倒入鍋，加入酸梅、紫蘇梅、烏梅汁一起煮，煮滾後熄火。

02 加入茶葉浸泡約 3 分鐘，濾掉茶葉。

03 加入砂糖攪拌均勻，放涼後裝瓶，即完成梅子茶，冰過更好喝。

04 使用時，把梅子茶倒入紙杯容器內，放進 1 ～ 2 顆梅子。

05 以檸檬片、紅櫻桃、薄荷葉裝飾，即完成製作。

KNOW-HOW

成功訣竅 SUCCESS

梅子茶冰涼後的風味較佳，所以切記要將熱的梅子汁及熱茶湯放涼，或充分隔水降溫後，才可調配成梅子茶。

快速訣竅 FAST

梅子汁可預先熬煮起來，茶湯部分也可事先浸泡後濾淨茶葉，放入冰箱冷藏備用，待須調配時，將兩者快速拌勻即成。

增值訣竅 VALUE-ADDED

- 選擇南投縣信義鄉特產的青梅製品酸梅，味道不重不鹹，卻有著天然芳香口感的酸甜味，品嘗起來有如沈浸在戀愛裡，耐人尋味，能為茶飲加值加分。
- 臺灣優質綠茶的主要產地在新北市三峽茶區，號稱「龍井茶」，其他產地還有桃園、新竹、苗栗一帶，茶葉外形如同劍片，墨綠色中帶著白毫，茶湯翠綠顯黃，口感清新爽口，也可強調出來，讓顧客放心飲用，自然提升價值。
- 可以將基底茶湯擴大運用，如 100cc 綠茶，加入 100cc 養樂多、30g 果糖、15cc 新鮮檸檬汁、500g 冰塊放入雪克杯，用搖盪法搖晃均勻後，就是連小朋友也愛的多多綠茶。

RECIPE 06

懷舊情調冬瓜檸檬

材料 INGREDIENTS

冬瓜塊 500g
新鮮檸檬汁 40cc
水 3500cc
冰塊 適量

裝飾

檸檬（切片） 適量

步驟說明 STEP BY STEP

01 將水倒入鍋中，放入冬瓜塊，煮至融化後，冷卻，備用。

02 在大紙杯容器中放入冰塊，倒入熬好的冬瓜茶至約 7 分滿。

03 加入檸檬汁至 9 分滿，攪拌均勻。

04 以檸檬片裝飾，或把又大又圓的檸檬片平放而浮在飲料上，十分賞心悅目。

KNOW-HOW

成功訣竅 SUCCESS

冬瓜塊比較厚，容易造成熬煮時不易均勻融化，因此可將冬瓜塊切成小塊，放入袋子中，用肉槌拍打碎後，再倒入鍋中加水熬煮。

快速訣竅 FAST

冬瓜茶可預先熬煮起來，分裝放入冰箱冷凍備用，待須使用時再退冰即可，檸檬汁則可事先榨汁後放入冷藏備用，但切記要封好，以免檸檬的酸香氣味揮發流失掉，就不鮮美了；另外，也可購買市售現成的冬瓜磚，快速調製成飲品。

增值訣竅 VALUE-ADDED

- 冬瓜茶、甘蔗汁、青草茶可謂臺灣三大古早味冰飲，懷舊氣息濃厚，檸檬可以選用黃色外皮的香水檸檬，切薄片後，整顆泡入冬瓜茶中，加以冰凍出凍感，夏日飲用暢快涼爽，有如港式飲茶餐廳中受歡迎的凍檸茶。
- 另外，也有不少年輕人喜愛冬瓜加鮮奶但不加檸檬的冬瓜奶茶，另具風味，還有冬瓜檸檬加入綠茶茶凍的吃法，老少咸宜，都能提供變化與增值。

RECIPE 07

High C 清香檸檬汁

材料 INGREDIENTS

新鮮檸檬汁	20cc
氣泡水	500cc
蘋果（切丁）	10g
奇異果（切丁）	10g
鳳梨（切丁）	10g
冰塊	適量

糖水

水	800cc
二號砂糖	300g

裝飾

檸檬（切片）	2 片

步驟說明 STEP BY STEP

01 將二號砂糖倒入鍋中，開小火，同時用木鏟慢慢不斷拌炒二號砂糖，直到糖融化，香味溢出。

02 加入水熬煮 5 分鐘，融化成糖水，冷卻後，即可使用。

03 將糖水、冰塊倒入紙杯容器中。

04 倒入新鮮檸檬汁。

05 加入蘋果丁、奇異果丁、鳳梨丁，倒入氣泡水至 8 分滿後，再用吧叉匙將糖水拌勻。

06 杯蓋可使用一般塑膠蓋，或採買封膜機，快速封膜密封。

07 以檸檬片裝飾，也可把檸檬片放入夾鏈袋附餐附送。

KNOW-HOW

成功訣竅 SUCCESS

切記一定要用吧叉匙攪拌，因為是氣泡飲，所以不適合用雪克杯搖盪方式，以免氣泡過多。

快速訣竅 FAST

糖水可事先煮好，水果丁也可以先切起來，用密封盒分裝好，放冷藏備用，待要調配取出，放入拌勻即可。

增值訣竅 VALUE-ADDED

可加入柳橙汁搭配，使飲品不會過於酸澀，且可將氣泡水替換成雪碧，這樣就不用加入糖，一樣能呈現完美風味，更可確保飲品出產的穩定度。

RECIPE 08

青春作伴仙草凍鮮奶

材料 INGREDIENTS

仙草原汁	600cc	鮮奶	150cc
洋菜粉	5g	冰塊	30g

步驟說明 STEP BY STEP

仙草凍製作

01 將仙草原汁放入鍋中，開大火煮至沸騰。

02 加入洋菜粉。

03 攪拌均勻，即完成仙草汁。

04 將仙草汁灌入方格模型。

05 放入冷藏，約 1 ～ 2 小時後結成凍狀。

06 取出仙草凍。

盛入容器裝飾

07 將仙草凍倒入紙杯容器中。

08 加入冰塊。

09 加入鮮奶，攪拌均勻即可。

10 可附上紙吸管、環保材質吸管。

02

03-1

03-2

04

KNOW-HOW

成功訣竅 SUCCESS

- 入模後的仙草汁表面會有些許泡沫，可用噴槍以小火消泡，或用小刮刀將泡沫鏟起，否則會影響整體美觀與口感。
- 注意煮仙草汁的過程中，要不停攪拌均勻，以防鍋底燒焦，導致產品產生焦味。

快速訣竅 FAST

- 仙草汁可一次製作大量，倒入方盤模型，成凍後再分切即可。
- 可預先製作起來，分切、裝入杯子容器後，放入冷藏備用，待須調製時，放入冰塊，再沖入鮮奶即完成 1 杯成品，可節省時間。

增值訣竅 VALUE-ADDED

- 可從產品的液體去做變化，例如：可用紅茶、凍檸茶、水果茶等飲品與仙草做結合，即可呈現不同風味的變化。
- 可用 1000cc 冷開水、80g 蒟蒻粉，倒入鍋中混合，並用攪拌棒快速拌勻至稍濃稠後，靜置 35 分鐘，再入電鍋中蒸 30 分鐘，就可取出，放涼備用，將蒟蒻切成小丁，與鮮奶搭配，也是受歡迎的吃法。

RECIPE 09

美味直送鮮奶茶

材料 INGREDIENTS

材料	份量
伯爵紅茶茶葉	15g
鮮奶	50cc
砂糖	15g
熱水	450cc
冰塊	適量

步驟說明 STEP BY STEP

01 先用熱水溫杯，有助於提升茶的香氣。

02 把茶葉放置大杯容器中，注入 95°C 的熱水。

03 浸泡 3 ～ 5 分鐘後，將茶湯沖入已用熱水溫杯的防熱紙杯容器中，濾掉茶葉。

04 加入鮮奶、砂糖拌勻即可。

05 可稍放涼，加入冰塊，做成冰奶茶，盛入材質較好、不易遇濕重就軟化的紙杯容器內。

KNOW-HOW

成功訣竅 SUCCESS

糖在融解的過程中，務必充分攪拌均勻，以利呈現完美風味，紅茶茶葉在浸泡時，溫度的掌控非常重要，務必使用測溫槍來測量溫度，避免過澀或茶味不夠重。

快速訣竅 FAST

在浸泡紅茶茶葉的過程中，可以先將鮮奶及砂糖混合，用隔水加熱法加熱並充分拌勻，待紅茶茶葉浸泡完後，可直接倒入容器，節省時間，同時避免攪拌不均的狀況發生。

增值訣竅 VALUE-ADDED

鮮奶茶最重要的材料是鮮奶，應採用有品牌或牧場小農直送的鮮奶產品，標榜出來，讓顧客信服；可在鮮奶茶中加入黑糖珍珠提升口感及風味，也可把砂糖更換成黑糖或天然蜂蜜，調配出更上一層樓的品質和美味。（註：黑糖珍珠製作方法參考 P.203。）

RECIPE 10

台灣國飲黑糖珍珠奶茶

材料 INGREDIENTS

材料	份量	材料	份量
樹薯粉	150g	水 B	1000cc
黑糖	70g	鮮奶	150cc
水 A	80cc	冰塊	30g

步驟說明 STEP BY STEP

06

07-1

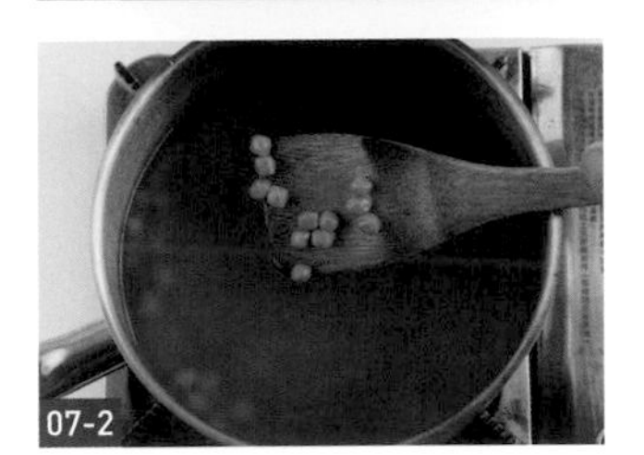
07-2

黑糖珍珠製作

01 將黑糖、水 A 倒入鍋中，煮滾。

02 分兩次把樹薯粉加入鍋中，轉成最小火，用木匙攪拌成勾芡狀。

03 倒至桌面的大方盤裡，用手搓揉成黑糖樹薯團。

04 將黑糖樹薯團分割小粒狀，再把各小粒揉成小鋼珠的大小，即是生的粉圓（珍珠）。

黑糖珍珠煮製

05 在鍋中倒入水 B，煮至滾沸。

06 將生的粉圓倒入。

07 以木匙不停攪拌以防沾黏。

08 煮至滾沸，轉小火，蓋上鍋蓋，續煮 15 分鐘。

09 熄火，續悶 10 分鐘即可，放涼，備用。

盛入容器裝飾

10 取適量冷卻的粉圓，倒入紙杯容器中。

11 加入冰塊。

12 倒入鮮奶，攪拌均勻即可。

13 可附上紙吸管、環保材質吸管，須注意口徑要能讓粉圓通過、吸得上來。

KNOW-HOW

成功訣竅 SUCCESS

可在揉好的粉圓上，再撒些樹薯粉，以防沾黏；粉圓煮熟後，可拌入蜂蜜水備用，以避免風乾沾黏，造成風味及口感不佳。

快速訣竅 FAST

可一次製作大份量的奶茶，用容器分裝，並放入冰箱冷藏保存 3 ～ 5 天，需要時，就取出與粉圓拌勻即可。

增值訣竅 VALUE-ADDED

- 採用知名品牌的黑糖、牧場小農直送鮮奶等，可標示出來，增強顧客對品質的信賴感。
- 可用 300g 熱芋泥或 300g 熱地瓜泥，加入 60g 砂糖、50g 日本太白粉、70g 樹薯粉拌勻後，搓圓，再用滾水烹調熟透後，即可享用，將珍珠巧妙置換成芋圓或地瓜圓，不僅口感大不同，也增添了視覺美感，就可取名黑糖 QQ 芋圓珍奶。

RECIPE 11

紫醉金迷葡萄果粒茶飲

材料 INGREDIENTS

- 綠茶茶湯……150cc
- 葡萄柚汁……80cc
- 芒果果肉……50g
- 百香果肉……50g
- 檸檬汁……10cc
- 果糖……5g
- 冰塊……適量
- 金桔果粒（切對半）……15g
- 葡萄果粒（切對半）……30g

裝飾

- 芒果果肉（切丁）……適量
- 葡萄（切丁）……20g
- 冰塊……10g

步驟說明 STEP BY STEP

01 將芒果果肉打成汁，即完成芒果汁。

02 將芒果汁，放入水瓶或大的杯狀容器內墊底，也可放入雪克杯內。

03 將綠茶茶湯、葡萄柚汁、百香果肉、檸檬汁、果糖、冰塊加入容器內，用搖盪法搖盪均勻即可。（註：綠茶茶湯可用 9g 綠茶茶葉浸泡 150cc 熱水，約 2～3 分鐘。）

04 將金桔果粒和葡萄果粒對半切後，倒入果茶中，形成「紫」醉金迷的美麗色澤，即完成果粒茶。

05 將芒果丁放入紙杯容器內墊底後，注入少許冰塊和果粒茶。

06 以葡萄裝飾，若有用剩的邊角材料，如金桔、葡萄柚、葡萄，也可用來裝飾。

KNOW-HOW

成功訣竅 SUCCESS

在加入果糖的步驟中，搖盪時間一定要夠，才能確保果糖均勻融解開來，以呈現完美風味，綠茶茶葉與開水的沖泡比例是 1：50，即 3g 茶葉可用 150cc 約 85°C 的開水沖泡出茶湯，不宜過熱，以免滋味反轉苦澀，失去鮮爽味，如用綠茶粉，沖泡比例是 1：100 ～ 120，同樣使用約 85°C 的開水。因各品牌產品不完全一致，可試泡而測知適合的比例，往後可確定之後的沖泡守則。

快速訣竅 FAST

- 可利用市售綠茶茶包沖泡出茶湯，同樣使用約 85°C 的開水，1 個茶包可沖出約 150cc 茶湯，省成本也省工，同時便於操作與控制。
- 水果料、芒果汁，以及用綠茶茶葉沖泡出綠茶茶湯作為基茶，都可以事先準備起來，放入冷藏保存，待須使用時，隨即取出調配，節省製作時間。

增值訣竅 VALUE-ADDED

- 如使用天然蜂蜜，就可標榜材料的天然純正與蜜香風味，以提高價格，如使用台灣茶山、茶園出產的綠茶茶葉沖泡，也可標榜在地優質好茶茶飲。
- 可將水果改成塊，倒入果汁機後，再加入大量碎冰塊均勻攪打，即可立即變化出綜合水果風味冰沙。
- 可加入 30g 柚子醬、50cc 柳橙汁，變化成柚子茶產品。

宅經濟當道的

外送人氣小廚秘笈

FOOD DELIVERY

省房租、省裝潢、省座位、省人力的數位經濟新食代攻略

書　　名　宅經濟當道的外送人氣小廚秘笈：省房租、省裝潢、省座位、省人力的數位經濟新食代攻略
作　　者　許志滄
文字執行　林麗娟
協力團隊　王憶慈、古孟哲、吳志恩、林錫甫、陳瑞賢、陳弘家、洪駿赫、黃昱昕、黃翊雯、許方慈、馮天劭、鄭虹廷、簡秀靜

發 行 人　程安琪
總 策 劃　程顯灝
總 企 劃　盧美娜
主　　編　譽緻國際美學企業社・莊旻嬑
助理文編　譽緻國際美學企業社・余佩蓉
美　　編　譽緻國際美學企業社・羅光宇
攝 影 師　黃世澤

藝文空間　三友藝文複合空間
地　　址　106 台北市安和路 2 段 213 號 9 樓
電　　話　（02）2377-1163

發 行 部　侯莉莉
出 版 者　橘子文化事業有限公司
總 代 理　三友圖書有限公司
地　　址　106 台北市安和路 2 段 213 號 4 樓
電　　話　（02）2377-4155
傳　　真　（02）2377-4355
E-mail　service @sanyau.com.tw
郵政劃撥　05844889 三友圖書有限公司

總 經 銷　大和書報圖書股份有限公司
地　　址　新北市新莊區五工五路 2 號
電　　話　（02）8990-2588
傳　　真　（02）2299-7900

※感謝南開科技大學提供拍攝場地；瑞康屋 R-Kitchen 提供彩色鍋具協助拍攝。

初　版　2020 年 07 月
定　價　新臺幣 480 元
ISBN　978-986-364-165-0（平裝）

國家圖書館出版品預行編目（CIP）資料

宅經濟當道的外送人氣小廚秘笈：省房租、省裝潢、省座位、省人力的數位經濟新食代攻略 / 許志滄作. -- 初版. -- 臺北市：橘子文化, 2020.07
面；　公分
ISBN 978-986-364-165-0(平裝)

1.食譜 2.外送服務業

427.1　　109006658

三友官網

三友 Line@